serie enfoques

Matemática III

Argumentación y formalización
de los conocimientos

Liliana Edith Kurzrok
Claudia Comparatore
Silvia Altman

longseller
EDUCACIÓN

Coordinación editorial
Beatriz Grinberg

Edición
Rosana Sandler
Mariel Mambretti

Corrección
Judith Jamschon

Autores
Liliana Edith Kurzrok
Claudia Comparatore
Silvia Altman

Diseño y diagramación
Pablo Balcells

Fotografía
Archivo Longseller

Capítulo 1

Vectores

ANALIZAR–DISCUTIR–RESOLVER 8
Vectores en el plano 8
USO DE LA COMPUTADORA 15
EXPLICAR–COMPRENDER–FORMALIZAR 16
Vectores en el plano 16
Vector 16
Vectores paralelos 17
Vectores equivalentes 17
Vectores opuestos 17
Suma de vectores 18
Resta de vectores 19
Producto de un vector por un escalar 19
Coordenadas cartesianas de
un vector 20
Coordenadas polares de un vector 21
Combinación lineal de vectores 22
Operaciones con vectores en forma
cartesiana 23
Vectores paralelos en coordenadas
cartesianas 23
Producto escalar de vectores 23
Propiedades del producto escalar 24
Producto escalar de dos vectores dados
por sus coordenadas cartesianas 24
Vectores ortogonales 25
Ángulo entre dos vectores 25
ACTIVIDADES FINALES 26

Capítulo 2

Geometría analítica

ANALIZAR–DISCUTIR–RESOLVER 30
Vectores 30
USO DE LA COMPUTADORA 34
EXPLICAR–COMPRENDER–FORMALIZAR 35
Vectores 35
Ecuación vectorial de la recta que pasa por
el origen y tiene dirección v 35

Distintas formas de la ecuación de la recta
que pasa por dos puntos 37
Rectas en el espacio 38
Rectas paralelas 39
Rectas perpendiculares 41
Rectas alabeadas 42
ACTIVIDADES FINALES 43

Capítulo 3

Números complejos

ANALIZAR–DISCUTIR–RESOLVER 46
Números complejos 46
EXPLICAR–COMPRENDER–FORMALIZAR 51
Números complejos 51
Números complejos 53
Operaciones con números complejos 54
Suma y resta 54
Multiplicación 54
Conjugado de un número complejo 54
División 55
Representación gráfica de números
complejos 58
Forma trigonométrica de un número
complejo 59
Raíces n-ésimas de la unidad 65
ACTIVIDADES FINALES 66

Capítulo 4

Sucesiones y series

ANALIZAR–DISCUTIR–RESOLVER 68
**Progresiones aritméticas
y geométricas** 68
USO DE LA COMPUTADORA 75
EXPLICAR–COMPRENDER–FORMALIZAR 76
Progresiones aritméticas
y geométricas 76
Sucesiones 76
Progresiones aritméticas y geométricas 76

Idea de las poblaciones-términos de una progresión 76
Sucesiones convergentes, divergentes y oscilantes 81
Sucesiones definidas por recurrencia 82
ACTIVIDADES FINALES 84

Capítulo 5

El concepto de límite

ANALIZAR-DISCUTIR-RESOLVER 93
Límites 93
USO DE LA COMPUTADORA 99
EXPLICAR-COMPRENDER-FORMALIZAR 100
Límites 100
Límite de una función en un punto 101
Límites laterales 103
Límite infinito 106
Límite de sucesiones 107
Álgebra de límites 107
ACTIVIDADES FINALES 111

Capítulo 6

Cálculo de límites

ANALIZAR-DISCUTIR-RESOLVER 116
Cálculo de límites 116
USO DE LA COMPUTADORA 119
Cálculo de límites 119
EXPLICAR-COMPRENDER-FORMALIZAR 120
Para comenzar... 120
Límite indeterminado 129
ACTIVIDADES FINALES 133

Capítulo 7

Derivadas

ANALIZAR-DISCUTIR-RESOLVER 139
Derivadas 139
USO DE LA COMPUTADORA 160
EXPLICAR-COMPRENDER-FORMALIZAR 161
Derivadas 161
Velocidad media 161
Velocidad instantánea 162
Derivada de una función en un punto 148
Recta tangente al gráfico de una función en un punto 144
Función derivada en un punto 145
Función derivada 147
Propiedades de las funciones derivables 149
Derivada logarítmica 153
Funciones derivadas 154
de funciones elementales 154
Funciones derivadas sucesivas 155
Diferencial de una función en un punto 156
ACTIVIDADES FINALES 157

Capítulo 8

Estudio de funciones sencillas

ANALIZAR-DISCUTIR-RESOLVER 161
Aplicaciones de la función derivada 161
USO DE LA COMPUTADORA 166
EXPLICAR-COMPRENDER-FORMALIZAR 169
Aplicaciones de la función derivada 169
Intervalos de crecimiento 169
y decrecimiento 169
Máximos y mínimos 169

Punto extra lógaco 170
Valor absoluto 171
Función cóncava y hacia los costados 172
Punto de inflexión 173
Teorema de la función derivada
segunda 172
Regla de L'Hôpital 178
ACTIVIDADES FINALES 184

Capítulo 9

Integrales

ANALIZAR–DISCUTIR–RESOLVER 188
**El concepto de integral y el cálculo
de áreas** 188
EXPLICAR–COMPRENDER–FORMALIZAR 193
El concepto de integral y el cálculo
de áreas 193
Funciones primitivas
de funciones elementales 194
Propiedades de las primitivas
partículas 194
Área de la región limitada por el gráfico de
una función positiva 196
Integral definida 200
ACTIVIDADES FINALES 205

Capítulo 10

Probabilidad y estadística

ANALIZAR–DISCUTIR–RESOLVER 206
Variables aleatorias 206
EXPLICAR–COMPRENDER–FORMALIZAR 212
Variables aleatorias 212
Variable aleatoria 212
Función de probabilidad 213
Función de densidad y función
de distribución 216
Esperanza de la variable aleatoria
binomial 217
Variable aleatoria normal 218
ACTIVIDADES FINALES 222

ANEXO 224

ANALIZAR–DISCUTIR–RESOLVER

EXPLICAR–COMPRENDER–FORMALIZAR

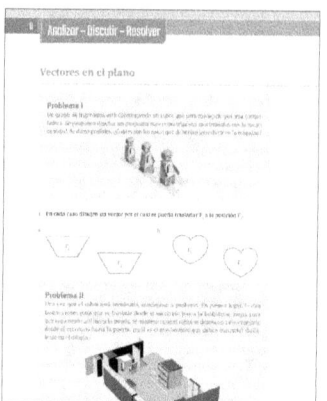

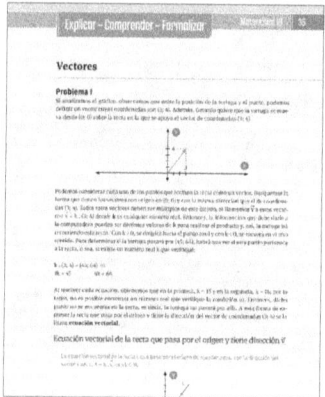

Problemas para introducir los contenidos y trabajar los posibles caminos de resolución.

Contenidos, conceptos teóricos y modelos explicativos a partir de los problemas centrales.

USO DE LA COMPUTADORA

ACTIVIDADES FINALES

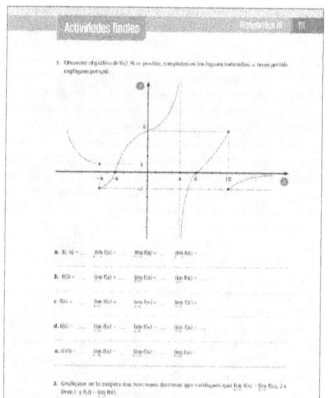

Introducción al uso de las nuevas tecnologías y su aplicación en el campo de la matemática.

Actividades orientadas a poner en juego los conocimientos adquiridos a lo largo del capítulo.

1

Vectores

Cuando en Física se debe identificar una fuerza, es
necesario indicar de cuánto es y hacia dónde va.
En este capítulo, veremos cómo se define matemáticamente este tipo de información.

Vectores en el plano

Problema I

Un grupo de ingenieros está construyendo un robot que será manejado por una computadora. Se proponen diseñar un programa para conseguir sus movimientos con la menor cantidad de datos posibles. ¿Cuáles son los datos que deberían introducir en la máquina?

1. En cada caso, dibujen un vector por el cual se pueda trasladar F_1 a la posición F_2.

a.

b.

Problema II

Una vez que el robot está terminado, comienzan a probarlo. En primer lugar, le dan instrucciones para que se traslade desde el escritorio hasta la biblioteca; luego, para que vaya desde allí hasta la puerta. Si quisieran que el robot se desplazara directamente desde el escritorio hasta la puerta, ¿cuál es el movimiento que deben indicarle? Desarróllenlo en el dibujo.

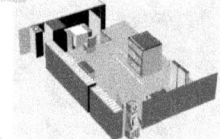

2. Dibujen un vector equivalente a $\overline{AB}$:

A ────────────► B

3. Dibujen un vector opuesto a $\overline{CD}$:

C
│
▼
D

4. Dibujen un vector paralelo a $\overline{MN}$, que no sea equivalente a él.

N ◄──────────── M

5. Dados los puntos M = (1; 3), N = (3; 7), P = (5; 1) y Q = (2; 6), determinen, sin representarlos gráficamente, si los siguientes vectores son equivalentes:

a. $\overline{MF}$ y $\overline{NQ}$ ....   b. $\overline{MN}$ y $\overline{PQ}$ ....

6. Sabiendo que $\overrightarrow{OA} = \vec{a}$, $\overrightarrow{OB} = \vec{b}$, $\overrightarrow{AQ} = \frac{1}{2}\vec{a}$, $\overrightarrow{BR} = \vec{b}$ y $\overrightarrow{AP} = 2\overrightarrow{BA}$, expresen los siguientes vectores en función de **a** y **b**:

a. $\overline{BA}$
b. $\overline{BF}$
c. $\overline{RQ}$
d. $\overline{QA}$

....
....
....
....
....

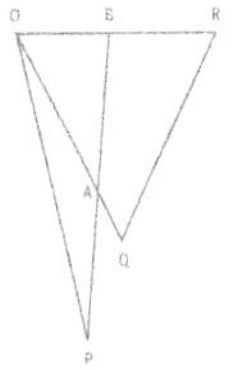

7. Hallen el vector suma en cada uno de los siguientes casos:

8. Consideren los siguientes vectores:

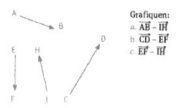

Grafiquen:
a. $\overrightarrow{AB} - \overrightarrow{IH}$
b. $\overrightarrow{CD} - \overrightarrow{EF}$
c. $\overrightarrow{EF} - \overrightarrow{IH}$

9. Hallen la resultante (suma) de los siguientes pares de fuerzas:

Problema III

Observen esta obra de Escher, en la que aparece una figura repetida varias veces. Indiquen qué movimientos permiten pasar de la figura:
a. 1 a la 2.
b. 2 a la 3.
c. 1 a la 3.

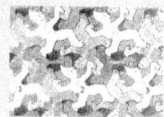

10. Dados los puntos A, B y C, hallen gráficamente
a. $2\,\overrightarrow{AB}$
b. $-1\,\overrightarrow{BC}$
c. $\dfrac{1}{2}\,\overrightarrow{AC}$

A •

B •

C •

Problema IV

Volvamos a los ingenieros que construyen el robot. ¿Cómo se le puede indicar a la computadora cuál es la dirección, el sentido y el módulo del vector que define cada movimiento?

11. Escriban las coordenadas cartesianas de los siguientes vectores:

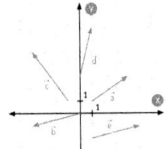

12. Dibujen todos los vectores con origen en (0; 0):

a. cuyo módulo es 3.   b. cuyo argumento está entre 60° y 120°.

13. Escriban en coordenadas cartesianas los siguientes vectores dados en forma polar:

a. $|\vec{v}| = 5$, $\Phi = 30°$

b. $|\vec{v}| = 2$, $\Phi = 80°$

c. $|\vec{v}| = 10$, $\Phi = 180°$

Problema V

Observen los vectores $\vec{a}$ y $\vec{b}$. Escriban al vector $\vec{c}$ como el resultado de operaciones que combinen $\vec{a}$, $\vec{b}$ y números reales.

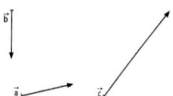

14. Escriban las coordenadas polares de cada uno de los siguientes vectores:

$\vec{a} = (5; 3) =$

$\vec{b} = (0; 4) =$

$\vec{c} = (7; 2) =$

15. Dados los vectores $\vec{a} = (7; 3)$, $\vec{b} = (1; 5)$ y $\vec{c} = (15; 11)$:

a. Hallen un vector que sea combinación lineal de $\vec{a}$ y $\vec{b}$. ¿Es único? ¿Por qué?

b. Hallen un vector que sea combinación lineal de $\vec{c}$ y $\vec{b}$. ¿Es único? ¿Por qué?

c. Hallen un vector que sea combinación lineal de $\vec{a}$, $\vec{b}$ y $\vec{c}$. ¿Es único? ¿Por qué?

Problema VI

Sean $\vec{a} = (2; 4)$ y $\vec{b} = (-3; 2)$, hallen las coordenadas de los vectores $\vec{a} + \vec{b}$; $3\vec{a}$; $2\vec{b}$

16. Calculen $\vec{a} \cdot \vec{b}$, sabiendo que $|\vec{a}| = 4$ y $\vec{b} = 3\vec{a}$

17. Dados los vectores $\vec{a} = (7; -3)$, $\vec{b} = (-1; 6)$ y $\vec{c} = (-4; -3)$, hallen:

$\vec{a} + \vec{b} =$

$\vec{c} + \vec{a} =$

$\vec{a} + \vec{b} + \vec{c} =$

$\vec{b} - \vec{a} =$

$2\vec{a} =$

$3\vec{c} - 4\vec{a} =$

18. Escriban las coordenadas de tres vectores paralelos a $\vec{v} = (5; 2)$:

19. Analicen la demostración de la propiedad del producto escalar de dos vectores que tienen la misma dirección. Utilícenla como referente y demuestren las otras propiedades del producto escalar.

Problema VII

Hallen el ángulo α, $0° \le \alpha \le 180°$, que forman los vectores $\vec{a}$ y $\vec{b}$, cuyas coordenadas correlativas son $(5; 4)$ y $(-2; 6)$ respectivamente.

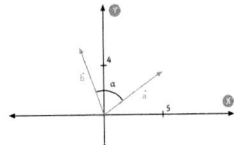

20. Calculen el ángulo determinado por los siguientes vectores:

a. $(5; 3)$ y $(2; 7)$

b. $(-1; 5)$ y $(6; 1)$

21. Si $\vec{a} = (2; 8)$, $\vec{b} = (-1; 0)$, $\vec{c} = (3; 5)$, $\vec{d} = (-7; 3)$ y $\vec{e} = (0; -5)$, calculen:

a. $\vec{d} + \vec{e} =$

b. $2 \cdot \vec{a} =$

c. $3 \cdot \vec{c} + 5 \cdot \vec{e} =$

d. $\vec{d} - 3 \cdot \vec{b} =$

e. $(\vec{a} + \vec{b}) \cdot (\vec{c} + \vec{d}) =$

22. Hallen los ángulos determinados por los vectores **a** y **b**, y por $\vec{a}$ y $\vec{c}$ del ejercicio anterior.

23. Dado el vector $\vec{v} = (5; 3)$:

a. Propongan las coordenadas de un vector que forme un ángulo de 50° con $\vec{v}$. ¿Es único?

b. Propongan las coordenadas de un vector perpendicular a $\vec{v}$.

24. Se sabe que los vectores $\vec{a}$ y $\vec{b}$ son ortogonales. Si $\vec{a} = (3; -4)$ y $\vec{b} = (-1 + m; -2)$, hallen **m**.

25. Hallen las coordenadas de un vector que forma con $\vec{v} = (1; -3)$ un ángulo de 60° y cuyo módulo es 5.

26. Hallen **x** para que el vector $\vec{w} = (x; x - 1)$ sea perpendicular a $\vec{v} = (-2; 3)$. Indiquen si la respuesta es única.

Usemos el programa GeoGebra para realizar algunas operaciones con vectores.

1. Grafiquen los siguientes vectores: $\vec{a} = (2,5)$; $\vec{b} = (7, -3)$; $\vec{c} = (-1,6)$
   Abran el programa Geogebra y escriban en "Barra de entrada" los vectores uno por vez, de la siguiente manera; v:(1,1).

2. Hallen gráficamente:
   a. $\vec{a} + \vec{b} = $ _____
   b. $\vec{c} + \vec{a} = $ _____
   c. $\vec{a} + \vec{b} + \vec{c} = $ _____
   d. $\vec{b} - \vec{a} = $ _____
   e. $2\vec{a} = $ _____
   f. $3\vec{c} - 4\vec{a} = $ _____

3. Encuentren el comando para graficar ángulos entre vectores, luego hallen gráficamente los ángulos entre los vectores:
   a. $\vec{a}$ y $\vec{b}$.
   b. $\vec{a}$ y $\vec{c}$.
   c. $2\vec{a}$ y $\vec{b}$.
   d. $\vec{a} + \vec{b} + \vec{c}$ y $\vec{b} - \vec{a}$

4. Investiguen y encuentren el comando para graficar vectores perpendiculares, y luego calculen gráficamente los vectores perpendiculares a: $\vec{a}$, $\vec{b}$ y $\vec{c}$.

Vectores en el plano

Problema I

Para interpretar mejor el problema, representemos la situación en un esquema. Supongamos que el robot está ubicado en el punto A y queremos que se traslade hasta el punto B, que está a 2 m de A.

B ×

A ×

El robot debe:

1. Moverse sobre la recta determinada por A y B.
2. Partir de A en dirección a B.
3. Avanzar dos metros.

Vemos que, para lograr que el robot alcance el objetivo propuesto, debemos darle tres referencias.

Vector

En matemática, a cada uno de estos datos se le asigna un nombre diferente:

1. **Dirección:** Está definida por la recta determinada por los puntos A y B. Se considera que los movimientos sobre rectas paralelas tienen la misma dirección.
2. **Sentido:** En cada dirección, hay dos sentidos (en nuestro ejemplo, puede ser de A a B o de B a A).
3. **Módulo:** Es la longitud del segmento determinado por las posiciones inicial y final del movimiento.

Por lo tanto, el desplazamiento del robot queda identificado mediante un segmento orientado; en nuestro ejemplo $\overline{AB}$.

Se llama **vector AB** al segmento orientado que empieza en A y termina en B.
Simbólicamente, se escribe $\overline{AB}$.
Al punto A se lo llama origen y al B, extremo.

En el problema, queremos que el robot se traslade según el vector AB.

A ────────▶ B

Por lo tanto, en la computadora se debe introducir como dato un vector, es decir, deben darse la dirección, el sentido y el módulo.

a : vector a

Vectores paralelos

Dos vectores son paralelos si tienen la misma dirección.

Por ejemplo, los vectores MN, QP y RS son **paralelos.**

Vectores equivalentes

Dos vectores son **equivalentes** si son paralelos, y tienen el mismo sentido y el mismo módulo.

Por ejemplo, los vectores MN y QP son **equivalentes.**

Vectores opuestos

Dos vectores son opuestos si son paralelos, y tienen igual módulo y sentido opuesto.

Por ejemplo, los vectores MN y QP son **opuestos.** Se indica que $\overrightarrow{MN} = -\overrightarrow{QP}$.

Una traslación de vector t es una función que a todo punto P del plano le asigna otro punto P' del plano, de modo que el vector PP' tiene la misma dirección, sentido y módulo que t. Cuando queremos trasladar una figura, basta con hallar la imagen, a través de la traslación de vector t, de los puntos que la definen. Por ejemplo, si queremos trasladar el rectángulo ABCD según un vector v, debemos hallar las imágenes de sus cuatro vértices. Para ello, trazamos a partir de A, B, C y D segmentos paralelos a v, y construimos un vector con igual sentido y módulo que este vector.

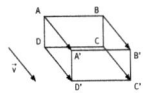

Problema II

Recordemos el movimiento que tiene que hacer el robot por medio de un esquema, y representemos en él cada uno de los desplazamientos, a través de un vector:

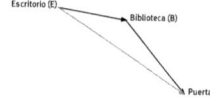

El robot se desplazó, en primer lugar, según el $\overrightarrow{EB}$ y luego, según el $\overrightarrow{BP}$, y llegó al mismo lugar que si se hubiese trasladado según el $\overrightarrow{EP}$.

A este nuevo vector lo llamaremos **vector suma** de los otros dos. Simbólicamente

$$\overrightarrow{EB} + \overrightarrow{BP} = \overrightarrow{EP}$$

Observen que el vector suma tiene su origen en el origen del primer vector, y su extremo, en el extremo del segundo.

En este caso, el extremo del primer vector coincide con el origen del segundo. Si los vectores que tenemos que sumar no cumplen con esta condición, tomamos dos vectores equivalentes a los dados que cumplan con ella.

Suma de vectores

Para sumar dos vectores, se toman, si es necesario, dos vectores equivalentes a los dados, que cumplan con la condición de que el extremo del primero coincida con el origen del segundo. La suma de estos vectores es otro vector que tiene su origen en el origen del primero, y su extremo, en el extremo del segundo.

Si consideramos dos vectores que tienen el mismo origen, al realizar la suma queda:

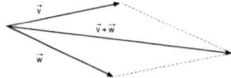

Vemos que el vector suma es la diagonal del paralelogramo, en el cual dos de sus lados son v y w.
Este método para sumar se conoce como **regla del paralelogramo**.

Resta de vectores

Para restar dos vectores, se suma al primero el opuesto del segundo: $\overrightarrow{AB} - \overrightarrow{CD} = \overrightarrow{AB} + (-\overrightarrow{CD})$.

Por ejemplo, si queremos restar los vectores AB y CD:

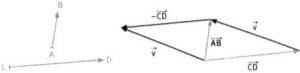

$\vec{v} = \overrightarrow{AB} + (-\overrightarrow{CD})$

Problema III

Podemos ver, en el dibujo, que para pasar de la figura 1 a la 2, se aplica el mismo vector que para pasar de la figura 2 a la 3; entonces, el vector de traslación de la figura 1 a la 3 es dos veces dicho vector. Podemos escribir: $2 \cdot \overrightarrow{AB} = \overrightarrow{AC}$

Producto de un vector por un escalar (número real)

El producto de un vector v por un escalar (número real) positivo es un vector que tiene igual dirección y sentido que v, y cuyo módulo es el producto del módulo de v por el número real dado.

Por ejemplo, para hallar $3 \cdot \overrightarrow{AB}$, procedemos así:

El producto de un vector v por un escalar negativo es un vector que tiene igual dirección que v, sentido opuesto y cuyo módulo es el producto del módulo de v por el valor absoluto del número real dado.

Por ejemplo, para hallar $-3 \cdot \overrightarrow{AB} = 3 \cdot (-\overrightarrow{AB})$, hacemos:

Problema IV

Hasta aquí hemos analizado los vectores, pero, para determinar los desplazamientos, podemos descomponerlos en dos movimientos a partir de la posición inicial: uno vertical y otro horizontal.

Por ejemplo, una traslación puede ser 1 m a la derecha horizontalmente y 2 m hacia arriba verticalmente. De esta manera, la información que introducimos en la computadora es un par de números (1; 2), que está definiendo el movimiento.

Si graficamos el vector en un sistema de ejes perpendiculares, con centro en la posición inicial (A), vemos que las coordenadas de la posición final B del robot son (1; 2). Es decir, cuando el origen del vector coincide con el origen de coordenadas, el vector queda identificado con las coordenadas del extremo.

Si consideramos, ahora, un vector cuyo origen sea un punto distinto de A, podemos encontrar siempre un vector equivalente, con extremo en el origen de coordenadas.

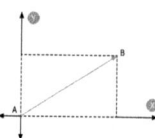

Coordenadas cartesianas de un vector

Veamos cómo podemos hallar las coordenadas cartesianas de un vector AB, conociendo las coordenadas del origen y el extremo de dicho vector:

Si sabemos que A = (3; 5) y B = (8; 7), tenemos que hallar las coordenadas de O y de P para que el vector OP sea equivalente a $\overline{AB}$. Vemos que los triángulos AMB y OQP deben ser congruentes, por ser rectángulos y tener congruentes la hipotenusa y el ángulo que esta forma con la horizontal; por lo tanto, tenemos que averiguar la longitud de los segmentos AM y BM para que $\overline{OQ}$ y $\overline{PQ}$ tengan, respectivamente, las mismas longitudes. Calculemos la longitud de $\overline{AM}$.

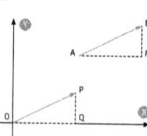

Sabemos que desde el eje de ordenadas hasta A hay 3 unidades, y hasta M hay 8 unidades; entonces, $|\overline{AM}| = 8 - 3 = 5$. Análogamente, $|\overline{BM}| = 7 - 5 = 2$. Por lo tanto, P = (5; 2) y $\overline{OP} = \overline{AB} = (5; 2)$.

Las coordenadas cartesianas de un vector son las coordenadas del extremo de un vector equivalente al mismo, cuyo origen es el origen de coordenadas.
Si A = (a; b) y P = (p; q) son las coordenadas cartesianas de los extremos de $\overline{AP}$, entonces las coordenadas cartesianas de $\overline{AP}$ son (p − a; q − b).

Por lo tanto, en el plano cartesiano, cada vector queda identificado con un punto, pues cada punto está definido por un par ordenado de la forma (x; y); entonces, este par ordenado también determina un vector con origen en (0; 0).

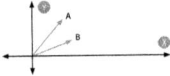

Se llama $\mathbb{R}^2$ al conjunto de todos los pares ordenados de la forma (x; y), donde x e y son números reales.

Coordenadas polares de un vector

Otra forma de definir el desplazamiento es considerando el ángulo que el vector forma con la horizontal y su longitud.

De esta manera, el vector queda definido por este ángulo y su módulo. A esta forma de definir un vector se la llama **coordenadas polares**.

Veremos que se pueden considerar ángulos diferentes para un mismo vector.

Por este motivo, se define así:

Se llama argumento de un vector al único ángulo entre 0° y 360° que determina el vector con el semieje positivo de las abscisas.

Por ejemplo, el vector AB tiene módulo 3 y forma con la horizontal un ángulo de 50°.

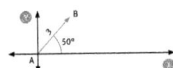

Las coordenadas polares de un vector están dadas por el módulo y el argumento de dicho vector.

¿Cómo hallamos las coordenadas polares de un vector, conociendo sus coordenadas cartesianas?

Sea **v** el vector de coordenadas cartesianas $(x_1; y_1)$:

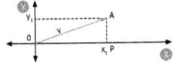

Para hallar el módulo del vector, basta con aplicar el teorema de Pitágoras en el triángulo rectángulo OAP: $|\vec{v}| = \sqrt{x_1^2 + y_1^2}$

Para hallar el argumento de $\vec{v}$, consideramos tg $\Phi = \dfrac{y_1}{x_1}$

Por ejemplo, si $\vec{v} = (-1; -3)$, su módulo es: $|\vec{v}| = \sqrt{1^2 + 3^2} = \sqrt{10}$

Para hallar Φ: tg $\Phi = \dfrac{-3}{-1} = 3$

Si utilizamos la calculadora para hallar el ángulo, obtenemos 71° 33' 54"; sin embargo, el argumento de este vector está en el tercer cuadrante. Luego, 71° 33' 54" es un ángulo del triángulo OAP, por lo tanto: $\Phi = 71° 33' 54" + 180° = 251° 33' 54"$

Problema V

Representemos en un esquema los tres vectores, a partir de un mismo punto.

Podemos ver que $\vec{c} = 3\vec{a} - 2\vec{b}$

Cuando un vector puede ser escrito como suma o resta de otros, se dice que es una **combinación lineal** de ellos.

Combinación lineal de vectores

Un vector **a** es combinación lineal de otros vectores v_1, v_2, v_3 ... si existen números reales $a_1; a_2; a_3; ...$ tales que $\vec{a} = a_1 \vec{v}_1 + a_2 \vec{v}_2 + ...$

Problema VI

Si representamos en un esquema cartesiano los vectores **a** y **b**, podemos ver que:

$$\vec{a} + \vec{b} = (-1; 2) \qquad 3\vec{a} = (6; 12) \qquad -2\vec{b} = (6; 4)$$

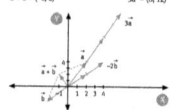

Vemos que el vector $\vec{a} + \vec{b}$ tiene como primera coordenada la suma de las primeras coordenadas de $\vec{a}$ y de $\vec{b}$, y como segunda coordenada, la suma de las segundas coordenadas de $\vec{a}$ y de $\vec{b}$. Las coordenadas del vector $3\vec{a}$ son el triple de las de $\vec{a}$, y el vector $-2\vec{b}$ tiene las coordenadas de $\vec{b}$ multiplicadas por -2.

Operaciones con vectores en forma cartesiana

La suma de dos vectores, definidos en forma cartesiana, es otro vector cuyas coordenadas son la suma de sus respectivas coordenadas.
Siendo $\vec{a} = (a_x; a_y)$ y $\vec{b} = (b_x; b_y)$ ⟹ $\vec{a} + \vec{b} = (a_x + b_x; a_y + b_y)$

El producto de un vector, definido en forma cartesiana, por un escalar es otro vector cuyas coordenadas son las coordenadas del vector multiplicadas por dicho escalar.

Por ejemplo, $(2; -7) + (0; -1) = (2; -8)$; $3 (-8; 6) = (-24; 18)$

Vectores paralelos en coordenadas cartesianas

Si los vectores **a** y **b** son paralelos, cuando tomamos vectores equivalentes que pasan por el origen de coordenadas, estos están sobre la misma recta; por lo tanto, tienen la misma inclinación y $|\vec{a}| = k \cdot |\vec{b}|$, con $k \in \mathbb{R}$.

Con lo cual, si $\vec{a} = (a_x; a_y)$ y $\vec{b} = (b_x; b_y)$, entonces:

$a_x = |\vec{a}| \cos \Phi$; $a_y = |\vec{a}| \operatorname{sen} \Phi$

$b_x = |\vec{b}| \cos \Phi$; $b_y = |\vec{b}| \operatorname{sen} \Phi$

pero $|\vec{a}| = k \cdot |\vec{b}|$, con $k \in \mathbb{R}$; entonces,

$$\left. \begin{array}{l} a_x = |\vec{a}| \cos \Phi = k \cdot |\vec{b}| \cos \Phi = k \cdot b_x \\ a_y = |\vec{a}| \operatorname{sen} \Phi = k \cdot |\vec{b}| \operatorname{sen} \Phi = k \cdot b_y \end{array} \right\} \Rightarrow (a_x; a_y) = k \cdot (b_x; b_y)$$

Conclusión
Si dos vectores a y b son paralelos, $\vec{a} = k \cdot \vec{b}$, con $k \in \mathbb{R}$.

Producto escalar de vectores

El producto escalar de dos vectores **a** y **b** es el número $|\vec{a}| |\vec{b}| \cos \alpha$, siendo α el ángulo determinado por dichos vectores. Se simboliza: $\vec{a} \cdot \vec{b} = |\vec{a}| |\vec{b}| \cos \alpha$.

Como $|\vec{a}|$, $|\vec{b}|$ y $\cos \alpha$ son números reales, entonces el producto escalar entre dos vectores da por resultado un número real y no un vector.

Por ejemplo, si los vectores **a** y **b** determinan un ángulo de 60°, $|\vec{a}| = 2$ y $|\vec{b}| = 4$; entonces, $\vec{a} \cdot \vec{b} = |\vec{a}| |\vec{b}| \cos \alpha = 2 \cdot 4 \cdot 0,5 = 4$

Propiedades del producto escalar

Sean **a** y **b** dos vectores, y $n \in \mathbb{R}$:

1. Propiedad conmutativa: $\vec{a} \cdot \vec{b} = \vec{b} \cdot \vec{a}$

2. Propiedad distributiva respecto de la suma de vectores: $\vec{a} \cdot (\vec{b} + \vec{c}) = \vec{a} \cdot \vec{b} + \vec{a} \cdot \vec{c}$

3. $n \cdot (\vec{a} \cdot \vec{b}) = (n \cdot \vec{a}) \cdot \vec{b}$

4. Si dos vectores tienen la misma dirección, el producto escalar de ambos es 1 o -1 por el producto de los módulos, según tengan igual o distinto sentido:
$\vec{a} \cdot \vec{b} = |\vec{a}| \, |\vec{b}|$ ó $\vec{a} \cdot \vec{b} = - |\vec{a}| \, |\vec{b}|$

Para demostrar esta propiedad, basta con considerar la definición del producto escalar:
$\vec{a} \cdot \vec{b} = |\vec{a}| \, |\vec{b}| \cos \alpha$, y que si dos vectores tienen la misma dirección, determinan un ángulo de 0°
o de 180°. En el primer caso, cos 0° = 1, y en el segundo, cos 180° = -1. Entonces:
$\vec{a} \cdot \vec{b} = |\vec{a}| \, |\vec{b}| \cdot 1 = |\vec{a}| \, |\vec{b}|$ ó $\vec{a} \cdot \vec{b} = |\vec{a}| \, |\vec{b}| \cdot (-1) = -|\vec{a}| \, |\vec{b}|$

5. El producto escalar de un vector por sí mismo es el cuadrado de su módulo: $\vec{a} \cdot \vec{a} = |\vec{a}|^2$

6. Si dos vectores son perpendiculares, su producto escalar es 0.

Producto escalar de dos vectores dados por sus coordenadas cartesianas

Consideremos los vectores **a** y **b**, cuyas coordenadas son $(a_1; a_2)$ y $(b_1; b_2)$, respectivamente.
Entonces: $\vec{a}$ y $\vec{b}$ pueden escribirse como combinación lineal de $\vec{v} = (1; 0)$ y $\vec{w} = (0; 1)$, de la
siguiente manera:

$$\vec{a} = a_1 \vec{v} + a_2 \vec{w} \qquad\qquad \vec{b} = b_1 \vec{v} + b_2 \vec{w}$$

Entonces: $\vec{a} \cdot \vec{b} = (a_1 \vec{v} + a_2 \vec{w}) \cdot (b_1 \vec{v} + b_2 \vec{w})$

Aplicamos las propiedades distributiva y asociativa (teniendo en cuenta que $\vec{a_1}, \vec{a_2}, \vec{b_1}, \vec{b_2} \in \mathbb{R}$:

$\vec{a} \cdot \vec{b} = a_1 \cdot b_1 \cdot (\vec{v} \cdot \vec{v}) + a_1 \cdot b_2 \cdot (\vec{v} \cdot \vec{w}) + b_1 \cdot a_2 \cdot (\vec{w} \cdot \vec{v}) + a_2 \cdot b_2 \cdot (\vec{w} \cdot \vec{w})$
Como $\vec{v}$ y $\vec{w}$ son perpendiculares: $\vec{v} \cdot \vec{w} = \vec{w} \cdot \vec{v} = 0$
y, además, $\vec{v} \cdot \vec{v} = |\vec{v}|^2 = 1$ y $\vec{w} \cdot \vec{w} = |\vec{w}|^2 = 1$

Conclusión
El producto escalar de dos vectores dados en coordenadas cartesianas es:
$(a_1; a_2) \cdot (b_1; b_2) = a_1 \cdot b_1 + a_2 \cdot b_2$

Por ejemplo, el producto escalar entre los vectores $\vec{a} = (-2; 3)$ y $\vec{b} = (-5; 8)$ es:
$\vec{a} \cdot \vec{b} = (-2) \cdot (-5) + 3 \cdot 8 = 34$

Vectores ortogonales

Dos vectores a y b son ortogonales o perpendiculares si $\vec{a} \cdot \vec{b} = 0$. Simbólicamente, $\vec{a} \perp \vec{b}$.

Por ejemplo, los vectores $v = (1; 0)$ y $w = (0; 1)$
son ortogonales pues $(1; 0) \cdot (0; 1) = 1 \cdot 0 + 0 \cdot 1 = 0$

El producto escalar de vectores resulta una herramienta útil para la Física, pues se puede calcular el trabajo de una fuerza como el producto escalar entre dicha fuerza y el desplazamiento del cuerpo sobre el que está aplicada dicha fuerza. Por ejemplo, si tenemos un auto, cuando le aplicamos la fuerza f, se produce un desplazamiento D. (En Física, se lo suele escribir Δx por ser la variación de posición).

Si llamamos α al ángulo determinado por ambos vectores, el trabajo realizado por f es $L_f = |\vec{f}| |\vec{D}| \cos \alpha$. Cuando el ángulo α es menor que 90°, se favorece el desplazamiento; cuando es mayor que 90°, el desplazamiento se dificulta, y cuando es de 90°, no hay trabajo porque no hay componente de la fuerza en el sentido del desplazamiento. El producto escalar también se utiliza en Física para calcular el flujo en un campo eléctrico o magnético.

Problema VII

Calculemos el producto escalar de los vectores mediante las dos formas que conocemos.
$\vec{a} \cdot \vec{b} = (5; 4) \cdot (-2; 6) = 5 \cdot (-2) + 4 \cdot 6 = 14$ (1) $\vec{a} \cdot \vec{b} = |\vec{a}| |\vec{b}| \cos \alpha$ (2)

Hallemos los módulos de **a** y de **b**:
$|\vec{a}| = \sqrt{5^2 + 4^2} = \sqrt{41}$ $|\vec{b}| = \sqrt{(-2)^2 + 6^2} = \sqrt{40} = 2 \cdot \sqrt{10}$
De (1) y (2) $14 = \sqrt{41} \cdot 2\sqrt{10} \cdot \cos \alpha$; entonces,
$\cos \alpha = \dfrac{14}{2 \cdot \sqrt{10} \cdot \sqrt{41}} = \dfrac{14}{40,5} \approx 0,3457 \Rightarrow \alpha \approx 69° \, 46' \, 30''$

Ángulo entre dos vectores

El ángulo α, $0° \leq \alpha \leq 180°$, que forman los vectores a y b cumplir que:
$$\cos \alpha = \frac{\vec{a} \cdot \vec{b}}{|\vec{a}| \cdot |\vec{b}|} \qquad\qquad 0° \leq \alpha \leq 180°$$

Observen que estamos considerando el ángulo α entre 0° y 180°, para que sea el menor de los ángulos que determinan los vectores. De este modo, hay unicidad en la elección del ángulo, ya que entre 0° y 180° la función coseno es inyectiva.

1. Consideren los puntos A = (0; 0), B = (1; 1), C = (-1; 1) y D = (1; 3):

a. Hallen un vector con origen en C que sea equivalente a $\overrightarrow{AB}$.

b. ¿Son paralelos $\overrightarrow{AB}$ y $\overrightarrow{CD}$?

c. Hallen las coordenadas de E, tal que $\overrightarrow{AB}$ y $\overrightarrow{CE}$ sean paralelos.

2. Dados los vectores $\overrightarrow{AB}$, $\overrightarrow{CD}$ y $\overrightarrow{DE}$, hallen:

a. $\overrightarrow{AB} + \overrightarrow{CD}$

b. $3 \cdot \overrightarrow{AB}$

c. $\overrightarrow{AB} - 2 \cdot \overrightarrow{DE}$

d. $2 \cdot (\overrightarrow{AB} + \overrightarrow{DE})$

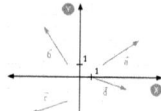

3. Sabiendo que $\overrightarrow{OA} = a$, $\overrightarrow{OB} = b$, $\overrightarrow{AP} = 2\overrightarrow{OA}$, $\overrightarrow{BQ} = \overrightarrow{OB}$ y $\overrightarrow{PN} = \overrightarrow{NQ}$, expresen los siguientes vectores en función de **a** y **b**:

a. $\overrightarrow{OP}$

b. $\overrightarrow{ON}$

c. $\overrightarrow{PN}$

d. $\overrightarrow{QP}$

4. Escriban las coordenadas cartesianas de cada uno de los siguientes vectores:

5. Escriban en coordenadas polares los vectores del ejercicio **4**.

6. Escriban los siguientes vectores como combinación lineal de $\vec{v} = (5; 3)$ y $\vec{w} = (8; 4)$:

a. $\vec{c} = (3; 2)$ **b.** $\vec{d} = (9; 7)$

c. $\vec{e} = (0; 2)$ **d.** $\vec{f} = (-2; 0)$

7. Dados los vectores $a = (7; -3)$, $b = (-1; 6)$ y $c = (-4; -3)$, calculen:

a. $\vec{a} \cdot \vec{b} =$

b. $\vec{a} \cdot \vec{c} =$

c. $(\vec{a} + \vec{b}) \cdot \vec{c} =$

d. $\vec{a} \cdot (\vec{b} - \vec{c}) =$

e. $8\vec{a} + (-5) \cdot \vec{b} =$

f. $(4\vec{a} + 5\vec{b}) \cdot (\vec{c} - 2\vec{b}) =$

8. Se sabe que el producto escalar entre $\vec{a}$ y $\vec{b}$ es 2. Si $\vec{a} = (4; 3)$ y $\vec{b} = (-1; y)$, hallen el valor de **y**. Indiquen si la respuesta es única.

9. Indiquen si los siguientes pares de vectores son ortogonales:

a. $\vec{a} = (0; -7)$ y $\vec{b} = (-7; 0)$

b. $\vec{a} = (5; -2)$ y $\vec{b} = (4; 10)$

c. $\vec{a} = (2; -7)$ y $\vec{b} = (-8; 2)$

10. Hallen los ángulos del triángulo cuyos vértices son: $(9; 5)$, $(7; 3)$ y $(4; 5)$.

11. Se sabe que el ángulo determinado por los vectores $\vec{a}$ y $\vec{b}$ es de 120°. Si $\vec{a}$ = (m; 2) y $\vec{b}$ = (3; −4), hallen **m**.

12. Se sabe que los vectores **v** y **w** son ortogonales y tienen el mismo módulo. Si $\vec{v}$ = (2; 5), hallen las coordenadas de $\vec{w}$. Analicen si la solución es única y justifiquen su respuesta.

13. Calculen los ángulos de un paralelogramo cuyos vértices son (2; 7), (4; 9), (9; 1) y (11; 3).

14. Hallen **x** para que el vector w = (x; 0) sea perpendicular a $\vec{v}$ = (−2; 3). Indiquen si la respuesta es única.

15. Se sabe que el producto escalar entre $\vec{a}$ y $\vec{b}$ es 4. Hallen **x** e **y**, siendo $\vec{a}$ = (x; y) y $\vec{b}$ = (x; 2)

16. Calculen a . b, sabiendo que |a|= 4 y b = 3a

17. Calculen el ángulo determinado por los siguientes vectores:
a. (5; 3) y (2; 7)

b. (−1; 5) y (6; 1)

2

Geometría analítica

La geometría analítica es la rama de la Matemática que estudia la relación entre álgebra y geometría. Resulta útil para programar una computadora y ver gráficos de distintas figuras en tres dimensiones, ya que las rectas en el plano y en el espacio, o los planos en el espacio, pueden expresarse a través de operaciones entre vectores. De esta manera, es posible encontrar regularidades y propiedades que caracterizan a estos últimos.

Vectores

Problema I

Gerardo está jugando con un programa de computación al que se le introduce la información por medio de vectores. La pantalla muestra un sistema de ejes cartesianos con el dibujo de una tortuga en el origen de coordenadas y un punto azul en (1; 4). Gerardo quiere que la tortuga camine por la recta que pasa por el origen y por el punto azul. ¿Cómo podría darle esta información a la computadora, utilizando las coordenadas del punto azul? ¿Pasará la tortuga por el punto de coordenadas (65; 65)?

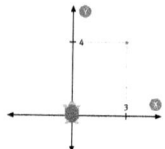

1. Representen en el plano los vectores que tienen la forma:

a. $k(2; -1)$ $k \in \mathbb{R}^+$
b. $k(1; 2)$ $k \in \mathbb{N}$
c. $k(2; 1)$ $k \in \mathbb{R}$
d. $k(2; -1) + t(1; 2)$ $k, t \in \mathbb{R}^+$
e. $k[(2; -1) + (1; 2)]$ $k \in \mathbb{R}$
f. $k(1; 2) + (1 - k)(2; 3)$ $0 < k < 1$

Problema II

En otro momento, Gerardo tiene en la pantalla a la tortuga en el punto de coordenadas (-1; 2) y al punto azul marcado en (3; 4). Quiere que la tortuga camine por la recta que pasa por el punto en donde está parada y el punto azul. ¿Qué instrucción podría darle a la computadora, utilizando las coordenadas del punto azul y del punto donde se encuentra la tortuga? ¿Pasará la tortuga por el punto de coordenadas (15; 12)?

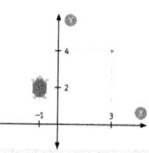

2. Encuentren la ecuación de las rectas que pasan por el origen de coordenadas y tienen dirección $\vec{v}$.

a. $\vec{v} = (2; -1)$ ....

b. $\vec{v} = (0; 3)$ ....

c. $\vec{v} = (2; 0)$ ....

d. $\vec{v} = (0; -1)$ ....

e. $\vec{v} = (-2; 1)$ ....

3. Grafiquen, en la carpeta, las rectas encontradas en el ejercicio anterior.

4. ¿Qué pueden decir de las rectas halladas en a. y e., o en b. y d., del ejercicio 2? ¿Qué características tienen sus vectores dirección?

5. Encuentren la ecuación vectorial de la recta que pasa por A y B, en cada caso.

a. $A = (1; 2)$ $B = (3; 5)$ ....

b. $A = (-2; 2)$ $B = (4; 5)$ ....

c. $A = (0; 2)$ $B = (-2; 4)$ ....

d. $A = (-1; 3)$ $B = (1; 6)$ ....

6. Grafiquen en la carpeta las rectas encontradas en el ejercicio anterior.

7. ¿Qué pueden decir de las rectas halladas en a. y d. del ejercicio 5? ¿Qué características tienen sus vectores dirección?

8. Encuentren la ecuación paramétrica de la recta del punto a. del ejercicio 5.

9. Hallen la ecuación implícita de la recta del punto b. del ejercicio 5.

10. Encuentren la ecuación simétrica de la recta del punto c. del ejercicio 5.

11. Hallen la ecuación de la recta que pasa por A y B, en cada caso.

a. $A = (1; 2; 3)$ $B = (0; 3; 6)$ ....

b. $A = (0; -2; 4)$ $B = (-2; -5; 6)$ ....

12. Encuentren la ecuación de la recta representada en el siguiente gráfico:

Problema III

Un juego para computadora se presenta en una pantalla plena. En el juego solo vienen una liebre, un lobo, un sapo y una rana.

a. Si se pretende hacer caminar a la liebre por una recta que pase por A = (-1; 2) y que no se cruce con el lobo, que camina por la recta que pasa por los puntos B = (1; -2) y C = (2; 1), ¿cuál será la dirección de la recta por la que debe caminar la liebre?

b. Si el sapo debe caminar por una recta L que pase por (2; 3) y que sea perpendicular a la recta L₁ de ecuación $2x - y = 5$, por la que camina la rana, ¿cuál será la ecuación de la recta por la que debe caminar el sapo?

13. Hallen el vector dirección y dos puntos en cada una de las siguientes rectas del plano:

a. $x + 3y = 5$

b. $\dfrac{x-1}{2} = \dfrac{y+1}{3}$

c. $\begin{cases} x = 4\lambda + 1 \\ y = 3\lambda + 2 \end{cases} \quad \lambda \in \mathbb{R}$

14. Encuentren la dirección y dos puntos en cada una de las siguientes rectas del espacio:

a. $\begin{cases} 1x = -\lambda + 1 \\ 6y = 2 \\ 2z = 3\lambda - 2 \end{cases} \quad \lambda \in \mathbb{R}$

b. $\begin{cases} x + y = 2 \\ 2x - y + z = 0 \end{cases}$

c. $\dfrac{2x-3}{2} = \dfrac{y+1}{-3} = z$

15. Decidan si las siguientes rectas son paralelas. Justifiquen sus respuestas.

a. $L: X = k\,(1; 0) + (2; -1) \quad k \in \mathbb{R}$
$L': X = k\,(0; 1) + (4; -2) \quad k \in \mathbb{R}$

b. $L: x - 4y = 7$
$L': -3x + 12y = 4$

c. $L: \dfrac{x-1}{3} = y + 2 = \dfrac{z+3}{2}$

$L': X = k\,(-3; -1; -2) + (1; 1; 1), \ k \in \mathbb{R}$

16. Encuentren la ecuación de una recta que pasa por (-2; 5) y es paralela a la recta cuya ecuación es 2x + 3y = 6. ¿Cuántas rectas hay que cumplan estas condiciones?

17. Encuentren la ecuación de una recta que pasa por (-2; 5; 1) y es paralela a la recta cuya ecuación es X = k(1; 1; 0) + (1; 1; 1), con k ∈ **R**. ¿Cuántas rectas hay que cumplan estas condiciones?

Problema IV

En un juego de computadora, un gato camina por la recta de ecuación L: k(2; 3; 1) + (1; 2; 3), con k ∈ **R**, y un perro camina por la de ecuación L': k(-1; 1; 2) + (1; -3; 1), con k ∈ **R**. ¿Podrían encontrarse los personajes en algún lugar?

18. Decidan si las siguientes rectas son perpendiculares. Justifiquen sus respuestas.

a. L: X = k(1; 3) + (3; 2)   k ∈ **R**
   L': X = k(-3; 1) + (2; 2)

b. L: $\frac{x-1}{3} = y + 2 = \frac{x+3}{2}$

   L' : X = k(2; -1; 0) + (2; 3; -2), con k ∈ **R**

19. Encuentren la ecuación de una recta que pasa por (-2; 5) y es perpendicular a la recta de ecuación 4x - 5y = 20. ¿Cuántas rectas hay que cumplan estas condiciones?

Problema V

En un juego para computadora, Claudio necesita marcar con puntos verdes los extremos de los vectores del espacio que tienen su origen en (0; 0; 0) y que son perpendiculares al vector de coordenadas (1; 1; 2). ¿Qué condiciones deben cumplir dichos puntos?

20. Encuentren la ecuación de una recta que pasa por (0; 1; 2) y es perpendicular a la recta cuya ecuación es X = k (1; 0; 1) + (2; -1; 1), con k ∈ **R**. ¿Cuántas rectas hay que verifiquen estas condiciones?

21. Hallen los puntos de intersección entre las siguientes rectas:

a. L: X = k(-3; 5) + (2; -4), con k ∈ **R**   L: X = t(3; 2) + (-1; 8), con t ∈ **R**

b. L: X = k(2; 1; 4) + (-1; -2; -13), con k ∈ **R**   L: $\frac{x-1}{-2} = y - 1 = \frac{x+3}{2}$

El programa Graphmatica es una utilidad matemática diseñada para poder representar gráficamente todo tipo de cálculos y ecuaciones numéricas. Es muy fácil de usar y es muy sencillo de instalar en nuestras computadoras, por lo que los invitamos a bajarlo y así poder aprender otra forma de graficar funciones.

Lo pueden bajar del siguiente link: http://graphmatica.programas-gratis.net/ o poner "graphmatica" en un buscador y encontrar una página de donde poder bajarlo.

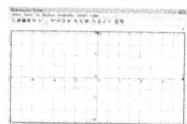

Como ya dijimos, este programa, entre otras cosas, nos sirve para graficar rectas, pero la forma en que nos permite introducirlas es como una ecuación implícita, del tipo: $y = ax + b$

Encuentren las ecuaciones implícitas de las siguientes rectas y grafíquenlas en la computadora.

a. Recta que pasa por los puntos $(1; 2)$ y $(-2; 5)$.

b. Recta que pasa por $(1, 5)$, y es paralela a la recta $2x + y + 2 = 0$

c. Recta que pasa por el punto $(2, -3)$ y es paralela a la recta que une los puntos $(4, 1)$ y $(-2, 2)$.

d. Recta $3x + ny - 7 = 0$ que pasa por el punto $(3, 2)$ y es paralela a la recta $mx + 2y - 13 = 0$. Calculen **m** y **n**.

e. Hallen la ecuación de la recta que pasa por el punto $(3, -2)$ y es perpendicular a la recta $2x + 3y + 4 = 0$

f. Hallen la ecuación de la recta que pasa por $(-5, 3)$ y es perpendicular a la recta que pasa por los puntos $(7, 0)$ y $(-8, 1)$.

Vectores

Problema I

Si analizamos el gráfico, observamos que entre la posición de la tortuga y el punto, podemos definir un vector cuyas coordenadas son (3; 4). Además, Gerardo quiere que la tortuga se mueva desde (0; 0) sobre la recta en la que se apoya el vector de coordenadas (3; 4).

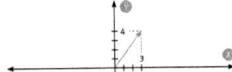

Podemos considerar cada uno de los puntos que forman la recta como un vector. Busquemos la forma que tienen los vectores con origen en (0; 0) y con la misma dirección que el de coordenadas (3; 4). Todos estos vectores deben ser múltiplos de este último. Si llamamos $\vec{v}$ a estos vectores: $\vec{v} = k \cdot (3; 4)$, donde **k** es cualquier número real. Entonces, la información que debe darle a la computadora pueden ser distintos valores de **k** para realizar el producto y, así, la tortuga irá recorriendo esta recta. Con k > 0, se dirigirá hacia el punto azul, y con k < 0, se moverá en el otro sentido. Para determinar si la tortuga pasará por (45; 64), habrá que ver si este punto pertenece a la recta, es decir, si existe un número real **k** que verifique:

$$k \cdot (3; 4) = (45; 64) \quad \text{(I)}$$
$$3k = 45 \qquad 4k = 64$$

Al resolver cada ecuación, obtenemos que en la primera, k = 15, y en la segunda, k = 16; por lo tanto, no es posible encontrar un número real que verifique la condición (I). Entonces, dicho punto no se encuentra en la recta, es decir, la tortuga no pasará por allí. A esta forma de expresar la recta que pasa por el origen y tiene la dirección del vector de coordenadas (3; 4) se la llama **ecuación vectorial**.

Ecuación vectorial de la recta que pasa por el origen y tiene dirección V

La ecuación vectorial de la recta L que pasa por el origen de coordenadas, con la dirección del vector v, es: L: X = k . v, con k ∈ ℝ.

Problema II

En este caso, la recta por la que debe transitar la tortuga tiene la dirección del vector con origen en $A = (-1; 2)$ y extremo en $B = (3; 4)$

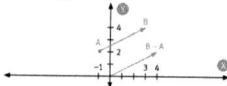

Esta dirección es paralela a la que determina el vector con origen en $(0; 0)$ y extremo en $B - A = (4; 2)$

Cada uno de los puntos que se encuentran en la recta por la que debe caminar la tortuga puede pensarse como un vector con origen en $(0; 0)$. Observemos, en el siguiente gráfico, que dicho vector es la suma de un vector de la recta que pasa por el origen con dirección $(4; 2)$ y el vector A.

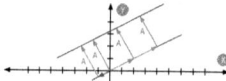

Por lo tanto, los vectores que están en la recta que pasa por A y por B, y que llamaremos $\vec{v}$, se obtienen como la suma del vector $(-1; 2)$ y un vector de la recta que pasa por $(0; 0)$ con dirección $(4; 2)$:

$$\vec{v} = k \cdot (4; 2) + (-1; 2)$$

Tenemos, entonces, que la instrucción debe ser multiplicar (4; 2) por cualquier número y sumarle (-1; 2). Por ejemplo:

$3 . (4; 2) + (-1; 2) = (11; 8)$ $-2 . (4; 2) + (-1; 2) = (-9; -2)$

son puntos que están en la recta.

Al vector de coordenadas (4; 2) se lo llama **dirección de la recta.** Para determinar si la tortuga pasará por (19; 12), hay que ver si este punto pertenece a la recta encontrada, es decir, si hay algún número real que verifique:

$k . (4; 2) + (-1; 2) = (19; 12)$
$4k - 1 = 19 \qquad 2k + 2 = 12$

Al resolver ambas ecuaciones, obtenemos k = 5; por lo tanto, el punto se encuentra en esta recta.

Distintas formas de la ecuación de la recta que pasa por dos puntos

La ecuación vectorial de la recta L que pasa por los puntos A y B es:
L: v = A + k . (B − A), con k ∈ℝ; B − A es la dirección de la recta.

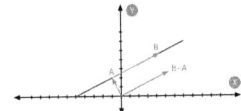

Si A = (-1; 2) y B = (3; 4), la ecuación vectorial de la recta que pasa por ambos puntos es:

L: (x; y) = k . (4; 2) + (-1; 2), con k ∈ **R**

Otra forma de caracterizar la misma recta es:

$\begin{cases} x = k . 4 - 1 \\ y = k . 2 + 2 \end{cases}$ con k ∈**R**, que es la **ecuación paramétrica.**

Si despejamos **k** en las dos ecuaciones, tenemos: $k = \dfrac{x+1}{4} \qquad k = \dfrac{y-2}{2}$

Por lo tanto, se debe cumplir que: $\dfrac{x+1}{4} = \dfrac{y-2}{2}$, y esta es la **ecuación simétrica.**

Operando en esta última igualdad, se obtiene:
$2(x + 1) = 4(y - 2) \Rightarrow 2x + 2 = 4y - 8 \Rightarrow 2x - 4y = -10$, que es la **ecuación implícita.**

Rectas en el espacio

Si en lugar de trabajar en el plano, lo hacemos en el espacio, el análisis es el mismo, pero los vectores tienen tres coordenadas. Por ejemplo, si queremos encontrar la ecuación de la recta que pasa por los puntos $A = (4; 0; 3)$ y $B = (7; 1; 5)$:

$V = k \cdot (B - A) + A$, con $k \in \mathbf{R}$

$V = k \cdot (7 - 4; 1 - 0; 5 - 3) + (4; 0; 3)$

$V = k \cdot (3; 1; 2) + (4; 0; 3)$ es la **ecuación vectorial**.

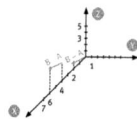

Si $V = (x; y; z)$, la **ecuación paramétrica** será:

$$\begin{cases} x = 3k + 4 \\ y = k \qquad \text{con } k \in \mathbf{R} \\ z = 2k + 3 \end{cases}$$

Despejemos **k** de cada una de las ecuaciones anteriores para obtener la **ecuación simétrica**:

$$k = \frac{x - 4}{3} \qquad k = y \qquad k = \frac{z - 3}{2}$$

$$k = \frac{x - 4}{3} = y = \frac{z - 3}{2}$$

En este caso, tenemos dos igualdades a partir de las cuales obtenemos las ecuaciones implícitas. Es decir:

$$\frac{x - 4}{3} = y \qquad y = \frac{z - 3}{2}$$

De la primera ecuación obtenemos $x - 3y = 4$, y de la segunda ecuación, $2y - z = -3$.
Por lo tanto, las ecuaciones implícitas de esta recta pueden ser:

$$\begin{cases} x - 3y = 4 \\ 2y - z = -3 \end{cases}$$

Estas no son las únicas **ecuaciones implícitas**, ya que, por ejemplo, si hubiéramos tomado:

$$\frac{x - 4}{3} = \frac{z - 3}{2}, \, y = \frac{z - 3}{2}$$

las ecuaciones hubieran resultado ser:

$2x - 8 = 3z - 9$ $2y = z - 3$

es decir que:

$$\begin{cases} 2x - 3z = -1 \\ 2y - z = -3 \end{cases}$$ también son ecuaciones de esta recta.

Problema III

a. Analicemos en forma gráfica la situación:

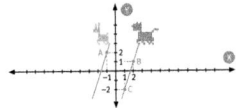

Para que, en el plano, las rectas no se crucen, deben ser paralelas. Los vectores dirección de una recta y de la otra deben ser paralelos. Por lo tanto, si consideramos los puntos $P = (x; y)$ de la recta por la que va a caminar la liebre como extremos de vectores con origen en A, estos deben cumplir, por ejemplo:

$\overrightarrow{AP} \parallel \overrightarrow{BC}$

Por lo tanto, P – A debe ser un múltiplo de C – B

$(x; y) - (-1; 2) = k[(2; 1) - (1; -2)]$ para algún $k \in \mathbb{R}$
$(x; y) = k \cdot (1; 3) + (-1; 2)$, con $k \in \mathbb{R}$

Observemos que esta recta tiene la misma dirección que la que pasa por B y C.

Rectas paralelas

Dos rectas son paralelas si sus vectores dirección son múltiplos.

Por ejemplo, analicemos si son paralelas las rectas:
L: $V = t (2; 3) + (1; -1)$, con $t \in \mathbb{R}$

L':
$$\begin{cases} x = k + 5 \\ y = 1,5k - 7 \end{cases}$$ con $k \in \mathbb{R}$

El vector dirección de L es $(2; 3)$. Busquemos el de L':
$(x; y) = (k + 5; 1,5k - 7) = (k; 1,5k) + (5; -7) = k(1; 1,5) + (5; -7)$
El vector dirección de L' es $(1; 1,5)$.
Ambos vectores son múltiplos, ya que $(1; 1,5) = \frac{1}{2} (2; 3)$; por lo tanto, L y L' son paralelas.

Para resolver la parte **b.** del problema **III**, primero encontremos la ecuación vectorial de la recta cuya ecuación implícita es $2x - y = 5$
Los puntos $(x; y)$ que pertenecen a esta recta verifican que:
$2x - y - 5 = 0 \Rightarrow y = 2x - 5 \Rightarrow (x; y) = (x; 2x - 5) = (x; 2x) + (0; -5) = x \cdot (1; 2) + (0; -5)$
La ecuación vectorial es entonces: $(x; y) = x \cdot (1; 2) + (0; -5)$
Veamos el gráfico:

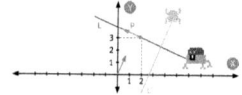

Los vectores que se encuentran sobre la recta L deben ser perpendiculares a los vectores que se encuentran sobre la recta L'. Por lo tanto, la dirección de los primeros debe ser perpendicular a la dirección de la recta L'.
Si $P = (x; y)$ es el extremo de un vector con origen en $(2; 3)$ sobre la recta L, su dirección es $(x - 2; y - 3)$, y para que sea perpendicular a $(1; 2)$, el producto escalar debe ser 0:
$(x - 2; y - 3) \cdot (1; 2) = 0 \Rightarrow x - 2 + 2 \cdot (y - 3) = 0 \Rightarrow x - 2 + 2y - 6 = 0 \Rightarrow x + 2y = 8$
que es la ecuación implícita de la recta que buscábamos.
Hallemos su ecuación vectorial:
$x = 8 - 2y \Rightarrow (8 - 2y; y) = (-2y; y) + (8; 0) = y (-2; 1) + (8; 0)$
Observamos que las direcciones de L y L' son ortogonales: $(-2; 1) \cdot (1; 2) = -2 + 2 = 0$

El símbolo de "paralelismo" escrito en forma vertical, $\|$, lo utilizó por primera vez William Oughtred en el libro *Opusculo Mathematica Haclenus inedita*, publicado en el año 1677. Anteriormente, se utilizaban como símbolo de paralelismo dos líneas horizontales, algo parecido al símbolo actual de "igual". William Oughtred nació en el año 1574, en Eton, Inglaterra. A pesar de no recibir una gran instrucción matemática en las escuelas donde estudió, se interesó mucho por esta ciencia. Fue ministro episcopal en 1603, luego fue vicario de Shalford y, en 1610, se convirtió en rector de Albury. Oughtred tomó alumnos privados, quienes se hospedaban en su casa y aprendían Matemática. Algunos de ellos fueron famosos matemáticos. Su libro más importante fue *Clavis Mathematicae*, donde incluyó una serie de nuevos símbolos, como x para la multiplicación. También inventó una primera forma de la regla de cálculo. Murió en Albury, Inglaterra, en el año 1660, y el libro donde aparece el símbolo de "paralelismo" fue publicado en forma póstuma.

Rectas perpendiculares

Dos rectas son perpendiculares si sus vectores dirección son ortogonales.

Por ejemplo, analicemos si son perpendiculares las rectas:
L: V = t (2; 3) + (1; −1), con t ∈ $\mathbb{R}$
L': 2x + 3y = 15

El vector dirección de L es (2; 3). Busquemos el de L'.
Despejemos **x** en la ecuación: x = −1,5y + 7,5
(x; y) = (−1,5y + 7,5; y) = (−1,5y; y) + (7,5; 0) = y (−1,5; 1) + (7,5; 0)

El vector dirección de L' es (−1,5; 1). Veamos si ambos vectores son ortogonales:
(2; 3) . (−1,5; 1) = 2 . (−1,5) + 3 . 1 = −3 + 3 = 0
por lo tanto, las rectas son perpendiculares.

Problema IV

En este caso, es necesario que determinemos, si existe, un punto común entre las dos rectas.
Si (x; y; z) ∈ L, existe un número **k** para el cual:
(x; y; z) = k(2; 3; 1) + (1; 2; 2) = (2k + 1; 3k + 2; k + 2)

Si (x; y; z) ∈ L', existe un número **t** para el cual
(x; y; z) = t (−1; 1; 2) + (1; −3; 1) = (−t + 1; t − 3; 2t + 1). Por lo tanto, debe cumplirse que:

$$\begin{cases} 2k + 1 = −t + 1 \Rightarrow t = −2k \ (I) \\ 3k + 2 = t − 3 \\ k + 2 = 2t + 1 \end{cases}$$

Reemplazando (I) en la segunda ecuación, obtenemos:
3k + 2 = −2k − 3 ⇒ 5k = −5 ⇒ k = −1

Reemplazando en la primera ecuación, calculamos que: t = 2
Verifiquemos si estos valores cumplen con la tercera ecuación:

k + 2 = −1 + 2 = 1   2t + 1 = 2 . 2 + 1 = 5

Como la igualdad no se cumple, podemos deducir que estas dos rectas no se cortan; por lo tanto, los personajes no se encuentran nunca.
Si estas rectas no se cortan, ¿serán entonces paralelas?
Para verificar esto, debemos ver si sus vectores dirección son múltiplos:

Vector dirección de L = (2; 3; 1)
Vector dirección de L' = (−1; 1; 2)

Podemos observar que no son múltiplos; por lo tanto, no se cortan ni son paralelas.
Este tipo de rectas se llaman **alabeadas**.

Rectas alabeadas

Dos rectas en el espacio son **alabeadas** si no se cortan ni son paralelas.

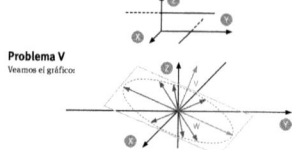

Problema V

Veamos el gráfico:

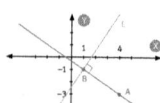

Si el vector $\vec{W}$ = (a; b; c), con origen en (0; 0; 0), es perpendicular al vector $\vec{V}$ = (1; 1; 2), debe cumplirse que $\vec{V} \cdot \vec{W} = 0$ => (1; 1; 2) . (a; b; c) = 0 => a + b + 2c = 0

Es decir, las coordenadas de $\vec{W}$ deben cumplir que a + b + 2c = 0

En el gráfico, podemos observar que estos puntos determinan un plano en el espacio.

¿Cómo podemos medir la distancia de un punto a una recta en el plano?

La distancia de un punto A a una recta L es el módulo del vector con origen en A y extremo en la intersección entre L y la recta perpendicular a L que pasa por A.

Por ejemplo, calculamos la distancia de A = (4; −3) a la recta L: 3x − 2y = 5

De acuerdo con la definición, es necesario encontrar la recta perpendicular a L que pase por (4; −3).

Para que las rectas sean perpendiculares, lo deben ser sus direcciones. El vector dirección de L es (2; 3); entonces, la recta perpendicular tiene por dirección (−3; 2) y pasa por (4; −3). Su ecuación vectorial es L': X = k (−3; 2) + (4; −3)

Busquemos ahora la intersección entre L y L'.

Las coordenadas de los puntos de L' tienen la forma (−3k + 4; 2k − 3). Para que alguno de estos puntos también esté en L, debe verificarse que:

3 (−3k + 4) − 2(2k − 3) = 5 => −9k + 12 − 6k + 6 = 5 => k = 1

Por lo tanto, el punto de intersección es B = (1; −1)

La distancia es $|-AB| = \sqrt{(4 - 1)^2 + (-3 + 1)^2} = 3{,}6$

1. Encuentren las ecuaciones de las rectas que verifican cada una de las siguientes condiciones. Grafiquen, en la carpeta, la recta hallada en cada caso.

   a. M pasa por los puntos A = (2; −4) y B = (−6; 4)

   b. R pasa por el punto C = (1; −4) y por el origen de coordenadas.

   c. T es paralela a la recta M y pasa por el punto D = (2; 5)

2. Encuentren la ecuación vectorial de las siguientes rectas del plano y tres puntos que pertenezcan a cada una de ellas.

   a. x − 6y = 12

   b. $\dfrac{2 - x}{6} = \dfrac{y + 4}{-2}$

   c. $\begin{cases} x = 2t - 5 \\ y = 4 - 5t \end{cases}$ con t $\in$ **R**

3. Encuentren las ecuaciones de las rectas que verifican cada una de las siguientes condiciones. Grafiquen, en cada caso, la recta hallada.

   a. S pasa por los puntos A = (2; 1; 4) y B = (4; 6; 2)

   b. H tiene vector dirección (2; 3; 4) y pasa por el punto (1; 1; 1)

   c. F es paralela a la recta S y pasa por el punto (3; 4; 1)

4. Encuentren la ecuación vectorial de las siguientes rectas del plano y tres puntos que pertenezcan a cada una de ellas.

a. $\dfrac{x-2}{-3} = \dfrac{x+1}{2} = \dfrac{z}{4}$

b. $\begin{cases} x+y-z=4 \\ x+y=2 \end{cases}$

c. $\begin{cases} x=2 \\ y=2+t \quad t \in \mathbb{R} \\ z=3 \end{cases}$

5. Analicen si la recta cuya ecuación vectorial es $X = k(2; -2; 4) + (-1; 1; -2)$, con $k \in \mathbb{R}$, pasa por el origen de coordenadas.

6. Encuentren la ecuación de la recta que pasa por $(-2; 1)$ y es perpendicular a la recta cuya ecuación es $2x + 3y = 6$

7. Hallen la distancia del punto $(4; 4)$ a la recta cuya ecuación es: $\dfrac{x-2}{3} = \dfrac{x+1}{-2}$

8. Encuentren, si existe, la intersección entre las siguientes rectas del plano:

a. L: $x - y = 2$ L': $x - 2 = \dfrac{y+1}{2}$

b. L: $\begin{cases} x=2 \\ y=2+t, \text{ con } t \in \mathbb{R} \end{cases}$ L': $X = k(0, 2) + (1; 1)$ $k \in \mathbb{R}$

9. Encuentren, si existe, la intersección de las siguientes rectas del espacio:

a. L: $\begin{cases} x+2y=0 \\ 2x-z=1 \end{cases}$ L': $X = k(1; -1; 0) + (0; 1; 3)$ $k \in \mathbb{R}$

b. L: $\begin{cases} x=2+2t \\ y=3-t \quad t \in \mathbb{R} \\ z=t \end{cases}$ L': $X = k(1; 3; 2) + (4; 2; 2)$ $k \in \mathbb{R}$

3

Números complejos

Los números complejos surgen ante la necesidad de resolver ecuaciones cuadráticas sin solución en el campo real. Resultan un modelo adecuado en Física para la electrónica y el electromagnetismo.

Números complejos

Problema I

Hallen, en los conjuntos indicados, los valores de x que verifican las siguientes condiciones:

a. en el conjunto de los números naturales (N):

$x + 5 = 3$

b. en el conjunto de los números enteros (Z):

$2 \cdot x = 1$

c. en el conjunto de las fracciones (Q):

$4^x - 2 = 0$

1. Encuentren los números que verifican las siguientes condiciones en los conjuntos numéricos indicados:

a. En el conjunto de los números enteros: $2x + 5 = x + 18$

b. En el conjunto de los números racionales: $7x^2 - 9x - 10 = 0$

c. En el conjunto de los números enteros: $3x - 4 - 2(x - 5) = 5(x - 3) - 5x + 4$

d. En el conjunto de los números racionales: $(x - 1)^2 - 2 = 0$

Problema II

Encuentren los números reales que verifican que la diferencia entre el quíntuplo de su cuadrado y su triplo es igual a $-1,25$.

2. Resuelvan las operaciones indicadas para los siguientes números:

$z_1 = 2 - 3i \qquad z_2 = 5 + i \qquad z_3 = 2 + 2i \qquad z_4 = 4i \qquad z_5 = -3$

a. $z_1 + z_2 - z_3$

d. $\overline{z}_1 \cdot z_2 \cdot \overline{z}_4 - z_3$

b. $z_2 - z_4 \cdot z_5$

e. z_3^4

c. $z_1 \cdot z_3 - z_4 \cdot z_5$

f. $z_3^2 \cdot z_4 - z_1 \cdot z_5$

3. Verifiquen, reemplazando $z = a + bi$ y $w = c + di$, que se cumplen las siguientes propiedades:

a. $\overline{z + w} = \overline{z} + \overline{w}$

b. $\overline{z - w} = \overline{z} - \overline{w}$

4. Realicen las siguientes operaciones:

a. $(2 - 3i) \cdot (\overline{1 - i}) + (3 + 2i) \cdot (\overline{-2 - i})$

b. $\overline{2i} - (2 - 3i) \cdot (\overline{1 + i}) + (\overline{-3 + i})$

Problema III

Encuentren los números complejos que verifican que el cubo del número más el doble de su cuadrado es igual a su opuesto menos dos.

5. Realicen las siguientes operaciones:

a. $\dfrac{2 + i}{(1 - 2i)(3 + i)} - (2 - 3i)$

b. $1 - 4i - \dfrac{(4 + 4i)(2 - 2i)}{-2 + i}$

6. Hallen los valores de **x** que verifican las siguientes igualdades:

a. $3x^2 + 9x + 25.5 = 0$

b. $x^2 - 2x + 26 = 0$

c. $x(2 - i) + \dfrac{1 - i}{2 - 2i} = 3x$

7. Decidan si $1 + i$ es solución de la ecuación $x^4 - ix + 3 + i = 0$

Problema IV

Encuentren los números complejos z que verifican las siguientes condiciones:

a. $z = \overline{z}$ b. $z \cdot Re|z| \cdot z = 1$ c. $z^2 \in \Re$ d. $\dfrac{1}{z} = -z$

8. Factoreen en **C** los siguientes polinomios:

a. $P(x) = x^4 + 4x^3 - x^2 - 4x$

b. $Q(x) = x^4 - 3x^3 + 5x^2 - x - 10$

9. Hallen los números complejos **z** que verifican las siguientes condiciones:

a. $z + \dfrac{1}{z} \in \mathbb{R}$

b. $z + \bar{z} \cdot \text{Im}(z) = 1$

c. $z - z \cdot \text{Re}(z) = -i$

d. $z \cdot \text{Re}(z) = z \cdot \text{Im}(z)$

Problema V

Realicen las siguientes operaciones i^{0}, i^{1}, i^{2},
Encuentren, si es posible, i^{n} para todo $n \in \mathbb{N}$.

10. Realicen, en la carpeta, las siguientes operaciones:

a. $i^{10} - i^{30}$

b. $\dfrac{i^{15} - 2i^{-15}}{3i^{76}}$

c. $2i^{67} - 3i^{13} + 4i^{75} - 5i^{-100}$

d. $\dfrac{2i^{25} - 3i^{-145}}{4i^{-100} + 5i^{120}}$

Problema VI

¿Qué otros datos, que no sean la parte real y la imaginaria, necesitamos conocer para
poder ubicar el vector que representa a un número complejo?

11. Si $z = 2 - 3i$, representen gráficamente, en la carpeta, los siguiente números complejos:
z, $\bar{z}$, $-z$, $i \cdot z$, $2z$

12. Si $z_1 = 2 + i$ y $z_2 = 1 - 2i$, representen gráficamente, en la carpeta, los siguientes números
complejos:
z_1, z_2, $z_1 + z_2$, $z_2 - z_1$, $z_1 \cdot z_2$, $z_1 \cdot \bar{z}_2$

13. Determinen cuáles son los números complejos cuya representación gráfica es:

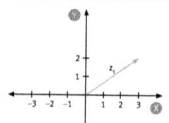
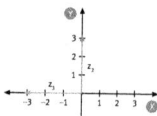

13. Escriban en forma trigonométrica los siguientes números complejos:

a. $-1 + i$

d. $i^{30} - 1$

b. $-1 - \sqrt{3}\, i$

e. i^{14}

c. $6 - 6i$

f. $5\left[\cos\left(\dfrac{-\pi}{9}\right) + i \operatorname{sen}\left(\dfrac{\pi}{9}\right)\right]$

15. Reemplacen $z = a + bi$ para demostrar las siguientes propiedades:

a. $|a + 0i| = |a|$
b. $|bi| = |b|$
c. $|z| = |-z|$
d. $|z| = |\bar{z}|$
e. $|z| \geq |\operatorname{Re}(z)|$
f. $|z| = 0 \Leftrightarrow z = 0$

16. Demuestren, aplicando las propiedades de módulo:

$$\left|\frac{z}{w}\right| = \frac{|z|}{|w|}$$

17. Decidan si son verdaderas o falsas las siguientes afirmaciones, siendo w, z $\in \mathbf{C}$ y k $\in \mathbf{R}$.

a. $|z + w| = |z| + |w|$
b. $|z - w| = |z| + |w|$
c. $|k \cdot z| = |k| \cdot |z|$

18. Representen gráficamente, en la carpeta, el sector del plano que verifica:

a. $\dfrac{1}{2} < |z| < 2$ y $\arg(z) < \dfrac{\pi}{4}$

b. $\operatorname{Re}|z| > 5$ y $\operatorname{Im}|z| < 2$

19. Calculen el argumento de los siguientes números complejos:

a. $\dfrac{2 + 2i}{3 - 3i}$

b. $\dfrac{3 - i}{\sqrt{2} + \sqrt{2}\, i}$

Problema VII

Efectúen la siguiente operación:

$$z = \frac{(5 + 5i)^{-5} \cdot (6 \cdot 4i)^{12}}{\left[\frac{1}{2} + \frac{\sqrt{3}}{2} i\right]^4}$$

20. Realicen las siguientes operaciones:

a. $\dfrac{(1-i)^{10} \cdot (-\sqrt{3} - i)^4}{(5 + 5i)^6}$

b. $\dfrac{(-30)^7}{(6 + 6i)^{15} \cdot (1 - \sqrt{3}\, i)^3}$

Problema VIII

Encuentren los números complejos z que verifican las siguientes condiciones:

a. $z^3 = 1 - 4i$

b. $z^3 = \dfrac{1}{2} - i\dfrac{1}{2}$

c. $z^5 = 1$

21. Hallen las raíces cuadradas de los siguientes números complejos:

a. $1 - i$

c. -1

b. $3 + 4i$

d. $-2i$

22. Hallen los números complejos que verifican las siguientes igualdades:

a. $z^3 = 1$

b. $z^2 - 1 + i = 0$

c. $z^4 + 1 = -\sqrt{3}\, i$

23. Encuentren todos los valores de z que verifican las siguientes igualdades:

a. $z^3 = (3 + \sqrt{3}\, i)^4$

c. $z^3 = \bar{z}^2$

b. $z^{10} = -4 \cdot (z - 1)^{10}$

d. $z = \bar{z}^2$

Números complejos

Problema I

Cuando nos proponemos hallar los valores de **x** que verifican las ecuaciones, observamos que ninguno pertenece al conjunto indicado:

a. $x = -2 \notin \mathbf{N}$

b. $x = 1,5 \notin \mathbf{Z}$

c. $x = \sqrt{2} \notin \mathbf{Q}$ o $x = -\sqrt{2} \notin \mathbf{Q}$

Es decir, ninguna de las ecuaciones planteadas tiene solución en los conjuntos indicados.

El primer matemático que utilizó la letra **N** para nombrar al conjunto de los números naturales fue Giuseppe Peano. Peano nació en Cuneo (Italia), en 1858, en el seno de una familia humilde. Estudió en la Universidad de Turín y fue profesor en la Academia Militar de esa ciudad. Trabajó tanto en Matemática como en Lógica. Fue electo miembro de la Academia de Ciencias de Turín y honrado por el gobierno italiano con varias condecoraciones. En un tiempo, se involucró en la creación de un lenguaje universal que fuera entendido por todas las personas, especialmente los científicos, y suspendió casi completamente su trabajo matemático. Cuando quiso volver a la universidad, encontró mucha resistencia por parte de los catedráticos del momento, hasta que, en 1901, tuvo que renunciar a la Academia Militar y no pudo seguir enseñando. Peano trabajó, entonces, en organizaciones vinculadas a la educación primaria y secundaria. Falleció en Turín, en 1932.

Problema II

Si **x** es el número buscado, debe verificarse que:

$5x^2 - 3x = -1,25 \Rightarrow 5x^2 - 3x + 1,25 = 0$

Queda planteada, entonces, una ecuación cuadrática. Para resolverla, podemos utilizar la fórmula correspondiente, pero su discriminante es negativo:

$\Delta = b^2 - 4ac = (-3)^2 - 4 \cdot 5 \cdot 1,25 = -16 < 0$; luego, como la raíz cuadrada de un número negativo no existe en **R**, ya que ningún número real elevado al cuadrado da negativo, vemos que esta ecuación no tiene solución en **R**, o sea, no existe ningún número real que resuelva este problema.

Llegamos a la conclusión de que, tanto en el problema I como en el II, las ecuaciones no tienen solución en los conjuntos indicados.

Pero, en las del problema I, pudimos hallar la solución en otro conjunto numérico. Para lograr que la ecuación del problema II también tenga solución en algún conjunto numérico, los matemáticos buscaron una ampliación del conjunto de los números reales.

Para extender un conjunto numérico, es necesario que el conjunto anterior esté incluido y que las propiedades que se cumplan en él se sigan cumpliendo en el ampliado.

Por ejemplo, cuando solo se contaba con los números naturales:

$$\mathbb{N} = \{1, 2, 3, 4, \ldots\}$$

existían restas que no se podían resolver. Encontrar un número que fuera el resultado de 3 − 5 no era posible en el conjunto de los números naturales. Si consideramos ahora al conjunto de los números enteros, que están formados por los naturales, el 0 y los opuestos de todos los naturales, esta cuenta puede realizarse.

$$\mathbb{Z} = \{\ldots, -3, -2, -1, 0, 1, 2, 3, \ldots\}$$

En este nuevo conjunto, la suma tiene las mismas propiedades que en los números naturales, y ahora se puede restar sin ninguna dificultad. La multiplicación de números enteros se extiende de la definición de multiplicación en los números naturales, y los resultados de estas multiplicaciones siguen dando números enteros. El problema surge al querer encontrar, por ejemplo, un número entero que multiplicado por 2 sea 3:

$$2 \cdot x = 3$$

Esta ecuación no tiene solución en los números enteros. Si consideramos al conjunto de los números que pueden expresarse como cociente entre dos de ellos, los racionales, se puede resolver esta ecuación:

$$\mathbb{Q} = \left\{ \frac{m}{n} \ / \ m \in \mathbb{Z}, n \in \mathbb{N} \right\}$$

En este conjunto, se definen la suma y la multiplicación, que dan por resultado números racionales.

/ : tal que

Las letras $\mathbb{Z}$ y $\mathbb{Q}$ que se utilizan para nombrar a los conjuntos de los números enteros y racionales, respectivamente, provienen de las palabras *Zahlen*, que en alemán significa 'números', y *quotient*, que en inglés quiere decir 'cociente'. Esta notación fue usada por primera vez por Nicolás Bourbaki. En realidad, Nicolás Bourbaki es el seudónimo utilizado por un grupo de matemáticos franceses, ex alumnos de la Escuela Superior de Formación de Profesorado, famosos porque les gustaba mantener secretos. Entre ellos se encontraban H. Cartan, J. Dieudonné y C. Chevalley. En 1939, publicaron el primer tomo de sus obras. Este grupo tuvo una gran influencia en Francia hasta 1960. Muchas veces se ha anunciado su muerte, pero Nicolás Bourbaki sigue investigando: sus miembros aún organizan un reconocido seminario que se dicta tres veces al año en el Instituto Poincaré de París.

Hay números que no pueden representarse como cociente de números enteros. Es así como se amplía el conjunto con los números irracionales, cuya forma decimal no es finita ni periódica, y se obtienen los números reales.

R QUE

Sin embargo, aunque este conjunto tiene gran cantidad de elementos, la ecuación que planteamos en el problema II no tiene solución. Este tipo de problemas ya se le planteaban a Herón de Alejandría en el año 50 a. C., cuando pretendía resolver la expresión: $\sqrt{81-144}$.

Para remediar esto, los matemáticos inventaron un número cuyo cuadrado es −1, al que, recién después del año 1777, Euler lo denominó con la letra i.

Llamamos i al número que, elevado al cuadrado, da por resultado −1, es decir:
$$i^2 = -1$$

Lo que necesitamos, ahora, es definir el conjunto donde se puedan encontrar raíces de números negativos y, también, las operaciones que nos permitan trabajar en él.

Números complejos

Llamamos **número complejo** a un número z que puede escribirse de la forma:
$$z = a + bi$$

donde a y b son números reales.

Al número a lo llamamos **parte real** del número complejo y lo simbolizamos $a = \text{Re}(z)$, y al número b lo llamamos **parte imaginaria** del número complejo y lo simbolizamos $b = \text{Im}(z)$.

$\mathbb{C}$ es el conjunto de los números complejos.

$\mathbb{C} = \{a + bi \ / \ a \in \mathbb{R} \wedge b \in \mathbb{R}\}$

Por ejemplo:

$z_1 = 2 + 3i$ $z_2 = 5i$ $z_3 = 4 - i$ $z_4 = 3$

son números complejos tales que:

$\text{Re}(z_1) = 2$ $\text{Re}(z_2) = 0$ $\text{Re}(z_3) = 4$ $\text{Re}(z_4) = 3$
$\text{Im}(z_1) = 3$ $\text{Im}(z_2) = 5$ $\text{Im}(z_3) = -1$ $\text{Im}(z_4) = 0$

En este último ejemplo, vemos los números reales están incluidos en este conjunto, ya que pueden escribirse de la forma a + 0i.

Si $z \in \mathbb{C}$, la representación $z = a + bi$ se llama **forma binómica** de z.
Los números complejos cuya parte real es 0 se llaman **imaginarios puros**.
Los números complejos cuya parte imaginaria es 0 se llaman **reales**.

Dos números complejos son **iguales** si tienen igual parte real e igual parte imaginaria.

Operaciones con números complejos

Para que el conjunto de los números complejos sea una extensión de $\mathbb{R}$, debemos definir las operaciones de modo tal que si sumamos, restamos, multiplicamos o dividimos números reales, siga manteniéndose el resultado. Definamos, entonces, las operaciones en este conjunto.

Suma y resta

Dados los números complejos: $z = a + bi$ y $w = c + di$

$z + w = (a + bi) + (c + di) = (a + c) + (b + d)i$ (asociando)

$z - w = (a + bi) - (c + di) = (a - c) + (b - d)i$ (asociando)

Definimos, entonces: $z + w = (a + c) + (b + d)i$

$z - w = (a - c) + (b - d)i$

Por ejemplo:

$(2 + 3i) + (4 - 2i) - 3i - 2 = (2 + 4 - 2) + (3 - 2 - 3)i = 4 - 2i$

Si z y w son números complejos reales, entonces:

$z = a + 0i$ $\qquad\qquad$ $w = c + 0i$

$z + w = a + c + (0 + 0)i = a + c$

$z - w = a - c + (0 - 0)i = a - c$

Estas definiciones de suma y resta extienden, entonces, la suma y resta de números reales.

Multiplicación

Dados los números complejos: $z = a + bi$ y $w = c + di$, para definir el producto tenemos en cuenta que queremos mantener la validez de la propiedad distributiva; entonces:

$z \cdot w = (a + bi)(c + di) = ac + adi + bci + bdi^2 = ac + adi + bci + bd(-1)$ (Pues $i^2 = -1$); luego, asociando:

$z \cdot w = (ac - bd) + (ad + bc)i$

Por ejemplo:

$(3 - 4i)(1 + i) = 3 + 3i - 4i - 4i^2 = 3 - i - 4(-1) = 7 - i$

Esta definición también se basa en la idea de que se mantengan válidas las propiedades de las operaciones con números reales. Observemos que, si ambos números son reales, como $b = d = 0$, se tiene que $z \cdot w = a \cdot c$, que es la multiplicación de los números reales.

Por lo tanto, estas definiciones extienden las definiciones de las operaciones del conjunto de los números reales.

Conjugado de un número complejo

Dos números complejos se denominan **conjugados** si tienen igual parte real y parte imaginaria opuesta.

Si $z = a + bi$ es un número complejo, $z = a - bi$ se llama conjugado de z.

Por ejemplo:
Si $z = 2 + 3i$ => $\bar{z} = 2 - 3i$ => Si $z = 4$ => $\bar{z} = 4$
Si $z = 1 - 5i$ => $\bar{z} = 1 + 5i$ => Si $z = 2i$ => $\bar{z} = -2i$

Propiedades

Sean $z = a + bi$ y $w = c + di$ dos números complejos:

- $\bar{\bar{z}} = z$, pues el opuesto del opuesto de un número real es el mismo número.
- $z \cdot \bar{z} = a^2 + b^2$: dado que, $z \cdot \bar{z} = (a + bi)(a - bi) = a^2 - abi + abi - b^2 i^2 = a^2 + b^2$
  Es decir, si multiplicamos un número complejo por su conjugado, obtenemos por resultado un número real.
- $z + \bar{z} = 2\text{Re}\,[z]$ $z - \bar{z} = 2\text{Im}\,[z]$
  porque: $z + \bar{z} = a + bi + a - bi = 2a$
          $z - \bar{z} = a + bi - (a - bi) = a + bi - a + bi = 2bi$
- $\overline{z + w} = \bar{z} + \bar{w}$
- $\overline{z - w} = \bar{z} - \bar{w}$
  Estas dos propiedades se verifican fácilmente reemplazando
  $z = a + bi$ y $w = c + di$
- $\overline{z \cdot w} = \bar{z} \cdot \bar{w}$
  $\overline{z \cdot w} = \overline{(a + bi)(c + di)} = \overline{(ac - bd) + (bc + ad)i} = (ac - bd) - (bc + ad)i$
  $\bar{z} \cdot \bar{w} = (a - bi)(c - di) = (a - bi)(c - di) = ac - adi - bci + bdi^2 = (ac - bd) - (ad + bc)i$
  Se llega en ambos casos a la misma expresión; por lo tanto, $\overline{z \cdot w} = \bar{z} \cdot \bar{w}$

División

Resolvamos primero un ejemplo: $\dfrac{2 + 3i}{1 - 2i}$

Considerando la segunda propiedad, si multiplicamos un número por su conjugado, obtenemos un número real. Para obtener un número real como divisor, sin cambiar el cociente, multiplicamos y dividimos por el conjugado del divisor.

$$\frac{2 + 3i}{1 - 2i} = \frac{(2 + 3i)(1 + 2i)}{(1 - 2i)(1 + 2i)} = \frac{2 + 4i + 3i - 6}{1^2 + (-2)^2} = \frac{-4}{5} + \frac{7}{5}i$$

Por lo tanto, el cociente es también un número complejo. Siguiendo este ejemplo, definimos la división de dos números complejos. Sean $z = a + bi$ y $w = c + di$, con $w \neq 0$:

$$\frac{z}{w} = \frac{z\bar{w}}{w\bar{w}} = \frac{(a + bi)(c - di)}{c^2 + d^2} = \frac{ac + bd}{c^2 + d^2} + \frac{bc - ad}{c^2 + d^2}i$$

(por la 2ª propiedad)

Luego: $\dfrac{z}{w} = \dfrac{a + bi}{c + di} = \dfrac{ac + bd}{c^2 + d^2} + \dfrac{bc - ad}{c^2 + d^2}i$ si $w \neq 0$

Ahora que tenemos definido el conjunto de los números complejos y sus operaciones, veamos si podemos resolver la ecuación que se planteó en el problema II.

$5x^2 - 3x + 1,25 = 0$ => $\Delta = -16$

Debemos encontrar un número que, elevado al cuadrado, dé -16.
Como $i^2 = -1$ y $4^2 = 16$ => $(4i)^2 = 16 \cdot i^2 = -16$

Por lo tanto, utilizando la fórmula resolvente, tenemos:

$$x = \frac{3 + 4i}{10} = \frac{3}{10} + \frac{2}{5}i \text{ o } x = \frac{3 - 4i}{10} = \frac{3}{10} - \frac{2}{5}i$$

Estos dos números complejos conjugados verifican la ecuación cuadrática.

Podemos hacer lo mismo cada vez que el discriminante de la ecuación cuadrática sea negativo. Por lo tanto, en el conjunto de los números complejos, todas las ecuaciones cuadráticas con coeficientes reales tienen solución.
Una de las utilidades de esta situación es encontrar todas las soluciones de las ecuaciones polinómicas y factorear polinomios.
Al factorear un polinomio, declamos que este quedaba totalmente factoreado si se escribía como producto de polinomios de grado 1 o 2 sin raíces reales; ahora sabemos que estos polinomios de grado 2 tienen 2 raíces complejas conjugadas. Por lo tanto, **todo** polinomio con coeficientes reales puede escribirse, utilizando los números complejos, como producto de polinomios de grado 1.

Conclusión

Utilizando los números complejos, podemos factorear como producto de polinomios de grado uno cualquier polinomio con coeficientes reales, y hallar todas sus raíces.

Problema III

Si **x** es el número buscado, entonces queda planteada la siguiente ecuación:
$x^3 + 2x^2 = -x - 2 \Rightarrow x^3 + 2x^2 + x + 2 = 0$
Para resolverla, debemos encontrar las raíces del polinomio $P(x) = x^3 + 2x^2 + x + 2$
Usando el lema de Gauss para tantear raíces racionales, son posibles raíces: 1, -1, 2 y -2
Verificando, se obtiene que -2 es raíz. Por lo tanto, al dividir por x + 2, el resto es 0.
Dividamos, entonces, usando la regla de Ruffini:

	1	2	1	2
-2		-2	0	-2
	1	0	1	0

Tenemos entonces: $P(x) = (x + 2)(x^2 + 1)$
Como la ecuación $x^2 + 1 = 0$ no tiene raíces reales, este polinomio no puede factorearse más en **R**, pero sí utilizamos los números complejos: $x^2 + 1 = 0 \Rightarrow x = i$ o $x = -i$
Luego, las raíces de P(x) son -2, i y -i
La forma factoreada P(x) en **C** es: $P(x) = (x + 2)(x + i)(x - i)$
y las soluciones de nuestra ecuación son: -2, i y -i

Conclusión

Teorema fundamental del álgebra: En el conjunto de los números complejos, los polinomios con coeficientes reales tienen exactamente tantas raíces como indica su grado.

Problema IV

En estos casos es conveniente escribir $z = a + bi$ y usar la definición de igualdad de números complejos:

- La ecuación **a.** se reduce a encontrar **a y b** reales, tales que:
  $a + bi = a - bi \Rightarrow a = a$ y $b = -b \Rightarrow b = 0$ y **a** es cualquier número. Por lo tanto, el conjunto solución de esta ecuación es el de los números reales: $S = \mathbb{R}$.

- La ecuación **b.** se resuelve al encontrar **a y b** reales que verifiquen:
  $a + bi + a(a - bi) = i \Rightarrow a + a^2 + (b - abi) = i \Rightarrow a + a^2 = 0, \quad b - ab = 1$
  Al resolver la ecuación cuadrática, queda $a = 0$ o $a = -1$
  Entonces, para **b** tenemos dos opciones:
  Si $a = 0 \Rightarrow b = 1 \Rightarrow z = 1i$
  Si $a = -1 \Rightarrow b + b = 1 \Rightarrow 2b = 1 \Rightarrow b = \dfrac{1}{2} \Rightarrow z = -1 + \dfrac{1}{2}i$

  Por lo tanto, el conjunto solución es: $S = \left\{ i, -1 + \dfrac{1}{2}i \right\}$

- La ecuación **c.** queda:
  $(a + bi)^2 = (a + bi)(a + bi) = a^2 - b^2 + 2abi$
  Para que este resultado sea un número real, la parte imaginaria debe ser cero $\Rightarrow$
  $ab = 0 \Rightarrow a = 0$ o $b = 0$
  Por lo tanto, los números son reales o imaginarios puros:
  $S = \mathbb{R} \cup \{ z / z \text{ es un imaginario puro}\}$

- La ecuación **d.** se reduce a:
  $1 = -z^2 \Rightarrow z^2 = -1 \Rightarrow (a + bi)(a + bi) = -1 \Rightarrow a^2 - b^2 + 2abi = -1 \Rightarrow 2ab = 0; a^2 - b^2 = -1$
  De la primera condición, obtenemos: $a = 0$ o $b = 0$. Si $a = 0$, de la segunda condición se deduce que $-b^2 = -1 \Rightarrow b^2 = 1 \Rightarrow b = 1$ o $b = -1$
  Si $b = 0$, de la segunda condición se deduce que $a^2 = -1$, pero $a \in \mathbb{R}$, con lo cual esta ecuación no tiene solución.
  Por lo tanto, los números que verifican la ecuación son i y $-i$
  El conjunto solución es: $S = \{0 + 1i, 0 - i\} = \{i, -i\}$

Problema V

Veamos cómo obtener las potencias de i.
$i^0 = 1$
$i^1 = i$
$i^2 = -1$
$i^3 = i^2 \cdot i = -i$
$i^4 = i^2 \cdot i^2 = (-1)^2 = 1$
$i^5 = i^4 \cdot i = 1 \cdot i = i$

Cada vez que la potencia permita agrupar cuatro veces i, como $i^4 = 1$, este factor se puede suprimir ya que no modifica el resultado.
$i^{10} = i^8 \cdot i^2 = (i^4)^2 \cdot (-1) = 1^2 \cdot (-1) = -1$

Para calcular la potencia 25, analicemos cuántas veces entra el 4 en 25:

$$25 \quad \underline{|\,4\,} \qquad 25 = 6 . 4 + 1$$
$$1 \qquad 6$$

Luego:
$$i^{25} = i^{6 \cdot 4 + 1} = (i^4)^6 . i = 1^6 . i = i$$

Lo que influye en la potencia es el resto que queda al dividir el exponente por 4.
Para calcular la potencia 67 de i, hacemos la división:

$$67 \quad \underline{|\,4\,}$$
$$3 \qquad 16$$

$$i^{67} = i^3 = -i$$

Con lo cual, para calcular i^n, debemos analizar cuál es el resto de dividir a n por 4.

Conclusión
$i^n = i^r$, donde r es el resto de dividir a n por 4.
Si r = 0 ⇒ i^r = 1   Si r = 1 ⇒ i^r = i
Si r = 2 ⇒ i^r = –1   Si r = 3 ⇒ i^r = –i

Representación gráfica de números complejos

Cada número complejo z = a + bi involucra a dos números reales: a = Re[z] y b = Im[z]. Para
representar un número complejo necesitamos, entonces, dos coordenadas; luego, podemos representar estos números en un sistema de ejes cartesianos.
Sobre el eje **x**, marcamos la parte real (dado que es la recta numérica) y sobre el eje **y**, la parte
imaginaria.

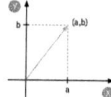

Decimos, entonces, que el número complejo a + bi puede representarse por medio de una flecha, con origen en el (0, 0) y extremo en el punto (a, b).
Esta flecha se denomina **vector**.

Por ejemplo:

$z_1 = 2 + i$ $z_2 = -1 + 2i$ $z_3 = -3 - 2i$

$z_4 = 3i$ $z_5 = -3$

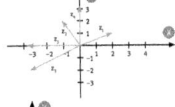

Problema VI

Si observamos la representación gráfica de un número complejo, vemos que, si se cuenta con el ángulo (entre 0 y 2π) que forma el vector con el eje positivo de las **x** y la longitud del vector, este puede ubicarse unívocamente:

Con el teorema de Pitágoras, podemos calcular la longitud de **z**:

$|z| = \sqrt{a^2 + b^2}$

La medida de la longitud del vector que representa un número complejo $z = a + bi$ se llama módulo de z y se simboliza $|z|$:

$$|z| = \sqrt{a^2 + b^2}$$

Usando la definición de las funciones trigonométricas, si ω es el ángulo que forma el vector con el eje positivo **x**:

$\cos \omega = \dfrac{a}{|z|}$ $\sin \omega = \dfrac{b}{|z|}$

Forma trigonométrica de un número complejo

El ángulo que forma el vector que representa un número complejo **z** con el eje positivo **x** se llama argumento de z y se simboliza arg(z). Se verifica que $0 \leq \arg(z) < 2\pi$ y, además:

$\cos[\arg(z)] = \dfrac{a}{|z|}$ $\sin[\arg(z)] = \dfrac{b}{|z|}$

Si $z = a + bi$ es un número complejo $\Rightarrow z = |z|\left(\dfrac{a}{|z|} + \dfrac{b}{|z|}i\right) = |z|(\cos \omega + i \sin \omega)$.

A esta forma de escribir un número complejo se la llama **forma trigonométrica**.

La forma trigonométrica de un número complejo z es: $z = |z| (\cos \omega + i \, \text{sen} \, \omega)$
donde $0 \leq \omega \leq 2\pi$ es el argumento de z.

Por ejemplo:

- $z_1 = 1 + i$ z_1 está en el primer cuadrante
  $|z_1| = \sqrt{1^2 + 1^2} = \sqrt{2}$

  $\cos \omega = \frac{1}{\sqrt{2}} = \frac{\sqrt{2}}{2}$; sen $\omega = \frac{1}{\sqrt{2}} = \frac{\sqrt{2}}{2}$ => $\omega = \frac{\pi}{4}$

  $z_1 = 1 + i = \sqrt{2}\left(\cos\left(\frac{\pi}{4}\right) + i \, \text{sen}\left(\frac{\pi}{4}\right)\right)$

- $z_2 = \sqrt{3} - i$ z_2 está en el cuarto cuadrante

  $|z_2| = \sqrt{(\sqrt{3})^2 + (-1)^2} = \sqrt{3+1} = 2$

  $\cos \omega = \frac{\sqrt{3}}{2}$; sen $\omega = -\frac{1}{2}$ => $\omega = 2\pi - \frac{1}{6}\pi = \frac{11}{6}\pi$

  $z_2 = \sqrt{3} - i = 2 \, (\cos\frac{11}{6}\pi + i \, \text{sen}\frac{11}{6}\pi)$

- $z_3 = 5i$
  $|z_3| = \sqrt{0^2 + 5^2} = \sqrt{25} = 5$

Para encontrar el argumento no es necesario
ningún cálculo, ya que el número complejo se
encuentra sobre el eje vertical positivo; por
lo tanto, $\omega = \frac{\pi}{2}$

$z_3 = 5i = 5\left(\cos\left(\frac{\pi}{2}\right) + i \, \text{sen}\left(\frac{\pi}{2}\right)\right)$

- $z_4 = -3$
  $|z_4| = \sqrt{(-3)^2 + 0^2} = \sqrt{9} = 3$

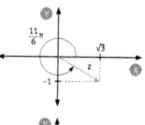

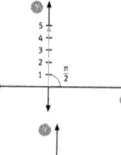

Igual que en el ejemplo anterior, vemos en el gráfico que el argumento es π.

$z_4 = -3 = 3\,(\cos\pi + i\,\operatorname{sen}\pi)$

Propiedades

- $|a + 0i| = |a|$ $\qquad$ $|0 + bi| = |b|$
- $|z| = |-z|$
- $|z| = |\bar{z}|$

Estas tres propiedades son de muy sencilla verificación reemplazando $z = a + bi$.

- $|z \cdot w| = |z| \cdot |w|$ $\qquad$ Demostremos la validez de esta igualdad.

  Si $z = a + bi$ y $w = c + di$

  $z \cdot w = |(a + bi)\,(c + di)| = |(ac - bd) + i(ad + bc)| = \sqrt{(ac - bd)^2 + (ad + bc)^2} =$
  $= \sqrt{a^2c^2 + b^2d^2 - 2abcd + a^2d^2 + b^2c^2 + 2abcd} = \sqrt{a^2c^2 + b^2d^2 + a^2d^2 + b^2c^2}$ (1)

  $|z| \cdot |w| = |a + bi|\,|c + di| = \sqrt{a^2 + b^2} \cdot \sqrt{c^2 + d^2} = \sqrt{(a^2 + b^2)(c^2 + d^2)} = \sqrt{a^2c^2 + a^2d^2 + b^2d^2 + b^2c^2}$ (2)

  De (1) y (2) $|z \cdot w| = |z| \cdot |w|$

- $\left|\dfrac{1}{z}\right| = \dfrac{1}{|z|}$ $\qquad$ Demostremos esta propiedad reemplazando z por $a + bi$:

  $\left|\dfrac{1}{z}\right| = \left|\dfrac{\bar{z}}{z \cdot \bar{z}}\right| = \left|\dfrac{a}{a^2 + b^2} - \dfrac{b}{a^2 + b^2}\,i\right| = \sqrt{\left(\dfrac{a}{a^2 + b^2}\right)^2 + \left(\dfrac{b}{a^2 + b^2}\right)^2} = \dfrac{\sqrt{a^2 + b^2}}{a^2 + b^2}$ (1)

  $\dfrac{1}{|z|} = \dfrac{1}{\sqrt{a^2 + b^2}} = \dfrac{\sqrt{a^2 + b^2}}{a^2 + b^2}$ (2)

  De (1) y (2) = $\left|\dfrac{1}{z}\right| = \dfrac{1}{|z|}$

- $\left|\dfrac{z}{w}\right| = \dfrac{|z|}{|w|}$ $\qquad$ Esta propiedad es una aplicación inmediata de las anteriores.

- **Teorema de De Moivre**

  $\arg(z \cdot w) \equiv \arg(z) + \arg(w)$

  Demostremos esta equivalencia usando la forma trigonométrica de ambos complejos:

  $z = |z|\,(\cos\alpha + i\,\operatorname{sen}\alpha)$ $\qquad$ $w = |w|\,(\cos\omega + i\,\operatorname{sen}\omega)$

  $z \cdot w = |z|\,(\cos\alpha + i\,\operatorname{sen}\alpha)\,|w|\,(\cos\omega + i\,\operatorname{sen}\omega) =$
  $= |z||w|\,(\cos\alpha\cos\omega + i\cos\alpha\operatorname{sen}\omega + i\operatorname{sen}\alpha\cos\omega - \operatorname{sen}\alpha\operatorname{sen}\omega) =$
  $= |z||w|\,[(\cos\alpha\cos\omega - \operatorname{sen}\alpha\operatorname{sen}\omega) + i(\cos\alpha\operatorname{sen}\omega + \operatorname{sen}\alpha\cos\omega)] =$
  $= |z||w|\,[\cos(\alpha + \omega) + i\,\operatorname{sen}(\alpha + \omega)]$

  Luego $\arg(z \cdot w)$ es un ángulo equivalente a $(\alpha + \omega)$ en el primer giro; es decir,

  $\arg(z \cdot w) \equiv \arg(z) + \arg(w)$

- $\arg(\bar{z}) \equiv 2\pi - \arg(z)$
  Verifiquemos esta propiedad con la ayuda del gráfico.

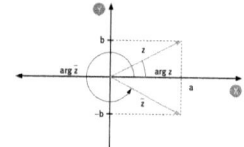

- $\arg\left(\dfrac{1}{z}\right) = \arg(\bar{z}) \equiv 2\pi - \arg(z)$

  Llamemos $w = \dfrac{1}{z}$

  $$w = \frac{1}{z} = \frac{\bar{z}}{z \cdot \bar{z}} = \frac{\bar{z}}{|z|^2} = \frac{a}{|z|^2} - \frac{b}{|z|^2} i$$

  $$\cos[\arg(w)] = \frac{\frac{a}{|z|^2}}{|w|} = \frac{\frac{a}{|z|^2}}{\frac{1}{|z|}} = \frac{a}{|z|}$$

  $$\operatorname{sen}[\arg(w)] = \frac{\frac{-b}{|z|^2}}{|w|} = \frac{\frac{-b}{|z|^2}}{\frac{1}{|z|}} = -\frac{b}{|z|}$$

  La expresión a la que llegamos es la misma que si planteamos el argumento de $\bar{z}$; por lo tanto, $\dfrac{1}{z}$ y $\bar{z}$ tienen el mismo argumento.

- $\arg\left(\dfrac{z}{w}\right) \equiv \arg(z) - \arg(w)$

  Para demostrar esta propiedad, vamos a usar las que ya probamos anteriormente:

  $$\arg\left(\frac{z}{w}\right) = \arg\left(z \cdot \frac{1}{w}\right) \equiv \arg(z) + \arg\left(\frac{1}{w}\right) \equiv \arg(z) + 2\pi - \arg(w) \equiv \arg(z) - \arg(w)$$

  Entonces, se cumple la igualdad enunciada.

- $\arg(z^n) \equiv n \cdot \arg(z)$
  Esta propiedad es una aplicación del teorema de De Moivre.
  Utilicemos estas propiedades para realizar en forma más sencilla algunas operaciones.

$\equiv$: equivalente. Dos ángulos α y β son equivalentes si difieren en algún número de vueltas, o sea, $\alpha = \beta + 2k\pi$, con $k \in \mathbb{Z}$.

Problema VII

Esta operación podría hacerse utilizando la propiedad distributiva, pero debido a las potencias involucradas, este procedimiento sería muy tedioso. Por tal motivo, utilizaremos la forma trigonométrica de cada complejo:

$z_1 = 5 + 5i$ z_1 está en el primer cuadrante y $|z_1| = \sqrt{25 + 25} = \sqrt{50} = 5\sqrt{2}$

$\cos(\arg z_1) = \dfrac{5}{5\sqrt{2}} + \dfrac{1}{\sqrt{2}} + \dfrac{\sqrt{2}}{2}$

Como obtenemos una expresión igual para el seno:

$\arg z_1 = \dfrac{\pi}{4} \Rightarrow z_1 = 5\sqrt{2}\left(\cos\dfrac{\pi}{4} + i\,\mathrm{sen}\,\dfrac{\pi}{4}\right)$

$z_2 = 4 - 4i$ z_2 está en el cuarto cuadrante y $|z_2| = \sqrt{16 + 16} = 4\sqrt{2}$

Haciendo lo mismo que para z_1 tenemos:

$\cos[\arg(z_2)] = \dfrac{\sqrt{2}}{2}$ y $\mathrm{sen}[\arg(z_2)] = -\dfrac{\sqrt{2}}{2} \Rightarrow \arg(z_2) = 2\pi - \dfrac{\pi}{4} = \dfrac{7}{4}\pi$

$z_2 = 4\sqrt{2}\left(\cos\dfrac{7}{4}\pi + i\,\mathrm{sen}\,\dfrac{7}{4}\pi\right)$

Repitiendo el procedimiento para $z_3 = -\dfrac{1}{2} + \dfrac{\sqrt{3}}{2}i$

vemos que z_3 está en el segundo cuadrante, y:

$|z_3| = \sqrt{\left(-\dfrac{1}{2}\right)^2 + \left(\dfrac{\sqrt{3}}{2}\right)^2} = \sqrt{\dfrac{1}{4} + \dfrac{3}{4}} = 1$

$\cos[\arg(z_3)] = -\dfrac{1}{2}$ $\mathrm{sen}[\arg(z_3)] = \dfrac{\sqrt{3}}{2} \Rightarrow \arg(z_3) = \pi - \dfrac{\pi}{3} = \dfrac{2\pi}{3}$

$z_3 = \cos\dfrac{2}{3}\pi + i\,\mathrm{sen}\,\dfrac{2}{3}\pi$ $z = \dfrac{z_1^{-6} \cdot z_2^{15}}{z_3^3}$

Por las propiedades del módulo:

$|z| = \dfrac{|z_1|^{-6} \cdot |z_2|^{15}}{|z_3|^3} = \dfrac{(5 \cdot \sqrt{2})^{-6} \cdot (4 \cdot \sqrt{2})^{15}}{1^3} = \dfrac{4^{15} \cdot (\sqrt{2})^9}{5^6} = \dfrac{2^{30} \cdot 2^9 \cdot \sqrt{2}}{5^6} = \dfrac{2^{39} \cdot \sqrt{2}}{5^6}$

Por las propiedades del argumento:

$\arg(z) \equiv -6 \cdot \arg(z_1) + 15 \cdot \arg(z_2) - 3\arg(z_3) = -6 \cdot \dfrac{\pi}{4} + 15 \cdot \dfrac{7}{4}\pi - 3 \cdot \dfrac{2}{3}\pi = \dfrac{91}{4}\pi =$

$= -\dfrac{88}{4}\pi + \dfrac{3}{4}\pi = 22\pi + \dfrac{3}{4}\pi = 11$ vueltas y $\dfrac{3}{4}\pi \equiv \dfrac{3}{4}\pi$

Por lo tanto: $z = \dfrac{2^{39}\sqrt{2}}{5^6}\left(\cos\dfrac{3}{4}\pi + i\,\mathrm{sen}\,\dfrac{3}{4}\pi\right) = \dfrac{2^{39}\sqrt{2}}{5^6}\cdot\left(\dfrac{-\sqrt{2}}{2} + \dfrac{\sqrt{2}i}{2}\right) = \dfrac{-2^{39}}{5^6} + \dfrac{2^{39}}{5^6}i$

Problema VIII

Para resolver la ecuación planteada en **a.** reemplazamos $z = a + bi$ y utilizamos la definición de igualdad de números complejos:

$z^2 = (a + bi) (a + bi) = a^2 - b^2 + 2abi = 3 - 4i$; entonces, $a^2 - b^2 = 3$ (1) $2ab = -4$ (2)

Además, los módulos deben ser iguales $\Rightarrow |z^2| = |3 - 4i| \Rightarrow a^2 + b^2 = \sqrt{3^2 + (-4)^2} = \sqrt{25} = 5$ (3)

De las ecuaciones (1) y (3) tenemos: $\left. \begin{array}{l} a^2 - b^2 = 3 \\ a^2 + b^2 = 5 \end{array} \right\} \Rightarrow 2a^2 = 8 \Rightarrow a^2 = 4 \Rightarrow a = 2 \text{ o } a = -2$

Usando la ecuación (2), si $a = 2 \Rightarrow b = -1 \Rightarrow a = -2$; si $a = -2 \Rightarrow b = 1 \Rightarrow a = -2 + i$

Por lo tanto, el conjunto solución es: **S** = {2 − i; − 2 + i}

Encontramos aquí dos números que elevados al cuadrado dan 3 − 4i, que son las raíces cuadradas de 3 − 4i. Si fuera necesario calcular raíces de índice mayor, este método no es práctico, ya que utilizar la propiedad distributiva con potencias mayores que 2 resulta más engorroso, y las ecuaciones que quedan planteadas son de difícil resolución. Por este motivo, trabajemos utilizando la forma trigonométrica.

Para resolver la ecuación planteada en **b.** escribimos en forma trigonométrica los números complejos.

Buscamos los números complejos $z = |z|(\cos \alpha + i \, \text{sen } \alpha)$, con $\alpha = \arg(z)$

que verifican $z^3 = \frac{1}{2} - \frac{1}{2} i = w$

Escribamos, primero, **w** en forma trigonométrica:

$w = \frac{1}{2} - \frac{1}{2} i$ está en el cuarto cuadrante; $|w| = \sqrt{\frac{1}{4} + \frac{1}{4}} = \frac{\sqrt{2}}{2}$

$\cos[\arg(w)] = \frac{1}{2} : \frac{\sqrt{2}}{2} = \frac{1}{\sqrt{2}} = \frac{\sqrt{2}}{2}$

$\text{sen}[\arg(w)] = -\frac{1}{2} : \frac{\sqrt{2}}{2} = -\frac{1}{\sqrt{2}} = -\frac{\sqrt{2}}{2} \Rightarrow \arg(w) = \frac{7}{4} \pi \Rightarrow w = \frac{\sqrt{2}}{2} \left(\cos \frac{7}{4} \pi + i \, \text{sen } \frac{7}{4} \pi \right)$

$z^3 = |z|^3 (\cos 3\alpha + i \, \text{sen } 3\alpha) = \frac{\sqrt{2}}{2} \left(\cos \frac{7}{4} \pi + i \, \text{sen } \frac{7}{4} \pi \right)$

Por lo tanto: $|z|^3 = \frac{\sqrt{2}}{2} \Rightarrow |z| = \sqrt[3]{\frac{\sqrt{2}}{2}} = \frac{1}{\sqrt[6]{2}}$; $3\alpha = \pi \frac{7}{4}$

Esto último indica que 3α difiere de $\frac{7}{4} \pi$ en cierta cantidad de vueltas; luego,

$3\alpha = \frac{7}{4} \pi + 2k\pi$, con $k \in \mathbb{Z} \Rightarrow \alpha = \frac{7}{12} \pi + \frac{2k\pi}{3}$ con $k \in \mathbb{Z}$.

Si $k = 0 \Rightarrow \alpha = \frac{7}{12} \pi$, si $k = 1 \Rightarrow \alpha = \frac{15}{12} \pi$, si $k = 2 \Rightarrow \alpha = \frac{23}{12} \pi$, si $k = 3 \Rightarrow \alpha = \frac{31}{12} \pi = \frac{7}{12} \pi$

A partir de acá, vemos que los ángulos se repiten, y si **k** es negativo, también se obtienen los mismos ángulos; por lo tanto, hay tres números que verifican la igualdad:

$$z_0 = \frac{1}{\sqrt[6]{2}}\left(\cos\frac{7}{12}\pi + i\,\mathrm{sen}\,\frac{7}{12}\pi\right)$$ son las tres raíces terceras de $\frac{1}{2} + \frac{1}{2}i$.

$$z_1 = \frac{1}{\sqrt[6]{2}}\left(\cos\frac{15}{12}\pi + i\,\mathrm{sen}\,\frac{15}{12}\pi\right)$$

$$z_2 = \frac{1}{\sqrt[6]{2}}\left(\cos\frac{23}{12}\pi + i\,\mathrm{sen}\,\frac{23}{12}\pi\right)$$

Se llama raíz n-ésima de un número complejo z, y se lee "raíz enésima de z", a los números complejos w tales que $w^n = z$.

En la ecuación planteada en **c.** debemos buscar las raíces quintas de 1. Escribamos los números en forma trigonométrica:

$z = |z|\,(\cos\alpha + i\,\mathrm{sen}\,\alpha)$ con $\alpha = \arg(z) \Rightarrow z^5 = |z|^5\,(\cos 5\alpha + i\,\mathrm{sen}\,5\alpha)$

$1 = 1(\cos 0 + i\,\mathrm{sen}\,0)$

Tenemos, entonces, que $|z|^5 = 1 \Rightarrow |z| = 1$ $5\alpha \neq 0 \Rightarrow 5\alpha = 0 + 2k\pi$, con $k \in \mathbf{Z}$

$\alpha = \frac{2k}{2}\pi$ con $k \in \mathbf{Z}$

Si $k = 0 \Rightarrow \alpha = 0$, si $k = 1 \Rightarrow \alpha = \frac{2}{5}\pi$, si $k = 2 \Rightarrow \alpha = \frac{4}{5}\pi$, si $k = 4 \Rightarrow \alpha = \frac{8}{5}\pi$

Con otros valores enteros, los ángulos comienzan a repetirse; por lo tanto, hay 5 raíces quintas de 1:

$z_0 = \cos 0 + i\,\mathrm{sen}\,0 = 1$ $z_2 = \cos\frac{4}{5}\pi + i\,\mathrm{sen}\,\frac{4}{5}\pi$ $z_4 = \cos\frac{8}{5}\pi + i\,\mathrm{sen}\,\frac{8}{5}\pi$

$z_1 = \cos\frac{2}{5}\pi + i\,\mathrm{sen}\,\frac{2}{5}\pi$ $z_3 = \cos\frac{6}{5}\pi + i\,\mathrm{sen}\,\frac{6}{5}\pi$

Raíces n-ésimas de la unidad

z es una raíz n-ésima de la unidad si $z^n = 1$

Para obtener una raíz n-ésima de la unidad, se procede igual que en la ecuación que resolvimos en el punto **c.** del problema **VIII.** Hagámoslo en general:

$z = |z|\,(\cos\alpha + i\,\mathrm{sen}\,\alpha)$ donde $\alpha = \arg(z)$ $1 = 1\,(\cos 0 + i\,\mathrm{sen}\,0)$

$z^n = |z|^n\,(\cos(n\alpha) + i\,\mathrm{sen}(n\alpha))$

Tenemos entonces que $|z|^n = 1 \Rightarrow |z| = 1$; $n\alpha \neq 0 \Rightarrow n\alpha = 0 + 2k\pi$, con $k \in \mathbf{Z}$

$\alpha = \frac{2k}{n}\pi$, con $k \in \mathbf{Z}$ $k = 0, 1, ..., n-1$

Conclusión
Las raíces n-ésimas de la unidad son de la forma:

$$z_k = \cos\frac{2k}{n}\pi + i\,\mathrm{sen}\,\frac{2k}{n}\pi \qquad k = 0, 1, ..., n-1$$

1. Resuelvan las siguientes ecuaciones y escriban el conjunto solución:

a. $-2x^2 + 6x - 10 = 0$ _____

b. $3x^2 - 6x + 12 = 0$ _____

2. Efectúen las siguientes operaciones entre números complejos:

a. $(\sqrt{2} - 4i)(-1 - \sqrt{2}) - (3\sqrt{2} - 2\sqrt{2}\,i)$ _____

b. $1 + \dfrac{1}{1 - 2i}$ _____

c. $1 + \dfrac{1}{1 + \dfrac{1}{i}}$ _____

3. Expresen en forma binómica los siguientes números complejos:

a. $i^{35} - i^{345} + i^{-124} + 1$ **b.** $\dfrac{i^{456}}{i^{1234}} + i^{47}$

4. Hallen los números complejos **z** que satisfacen las siguientes identidades:

a. $1 - 3i + 2z = \dfrac{1}{2} - \dfrac{2}{5}i$ _____

b. $z(2 + 3i) = 1 - 2i$ _____

c. $z^{-1}(1 - 2i) = (1 + i)^2$ _____

5. Hallen los valores de los números reales **x** e **y** que verifican las siguientes igualdades:

a. $(x + 3i) - (2 + yi) = 5 + 4i$ _____

b. $(x + yi)(2 + 4i) = x - 7i$ _____

6. Determinen cuáles son los números complejos que satisfacen las siguientes condiciones. Grafiquen las soluciones en la carpeta:

a. $|z| = |\sqrt{2} - \sqrt{7}\,i|$

b. $Re[z] = 2$

c. $|z| < 1 \wedge Im[z] > 2$

7. ¿Cuánto debe valer $x \in \mathbb{C}$ para que $(5 + xi)$ sea imaginario puro?

8. ¿Para qué números reales **x** e **y** se cumple que $2 + 3xi + y - 2i = 1 - i$?

9. Calculen el módulo de los siguientes números complejos:

a. $7 \cdot (1 + 2i)^{-9}$ _____

b. $-3 \cdot (1 + 3i)^5 \cdot \dfrac{(1 - 2i)^3}{(2 + 3i)^4}$ _____

10. Hallen los números complejos **z** que verifican que
$arg(-\bar{z}) = arg[z^5 \cdot (1 + i)]$ y $z \cdot \bar{z} - 16 = 0$

4

Sucesiones y series

Las sucesiones son funciones cuyo dominio es el conjunto de los números naturales o los naturales con el cero. Su estudio proporciona herramientas que facilitan los cálculos en Matemática financiera, entre otras disciplinas. Una serie es una sucesión de sumas parciales.

Progresiones aritméticas y geométricas

Problema 1

Un inversionista quiere duplicar su dinero en el menor tiempo posible y para ello debe elegir entre dos instituciones. El banco Dinero Fácil le ofrece tomar su dinero en un depósito a plazo fijo al 6 % de interés simple mensual. El banco Sin Engaños le ofrece depositar el dinero en una caja de ahorro donde, al finalizar cada mes, se le agregará el interés correspondiente a ese período, y la tasa que le ofrece es del 3 % mensual. ¿En cuál de las dos instituciones duplica su capital en menos tiempo?

1. Completen con tres términos más las siguientes sucesiones:

   a. 1; 2; 4; 8; ...; ...   b. 4; 1; $\frac{1}{4}$; $\frac{1}{16}$; ...; ...   c. 4; −4; 4; −4; ...; ...

2. Escriban el término general de las sucesiones anteriores.

3. ¿Cuáles de las siguientes sucesiones son progresiones aritméticas? ¿Cómo se dan cuenta?
   a. 2; 5; 8; 11; ...   c. 8; 8; 8; 8; ...
   b. 4; 12; 36; ...   d. −5; −3; −1,2; ...

4. Escriban el término general de una progresión aritmética de razón −0,25.

5. Hallen el término 22° de las siguientes progresiones:
   a. 3; 7; 11; 15; ...   b. 0,5; 0,25; 0; ...

6. Escriban los cinco primeros términos de una progresión aritmética de razón 3 sabiendo que el noveno término es 1,8.

7. Escriban el término general de una progresión geométrica de razón −0,25.

8. ¿Cuáles de las siguientes sucesiones son progresiones geométricas? ¿Cómo se dan cuenta?
   a. −2; 2; −2; 2 ...   c. 0,5; 1; 1,5; ...
   b. 0,5; 0,25; 0,125; ...   d. −3; 6; −12; 24; ...

Problema II

Don Juan deja una herencia para repartir entre sus cinco nietos. En el testamento dice que, ordenados de menor a mayor, la diferencia entre lo que recibe uno y el anterior es siempre la misma, y la diferencia entre lo que recibe el quinto y lo que recibe el segundo debe ser de $ 900. Si la suma que se va a repartir es $ 100.000, ¿cuánto dinero le corresponde a cada uno?

Problema III

Javier y su hijo Matías realizan un trato. Javier le entregará a su hijo 1 centavo por el primer problema de matemática bien resuelto, 2 centavos por el segundo, 4 centavos por el tercero, 8 por el cuarto y así sucesivamente. Al terminar la semana, Matías ha juntado $ 655,35. ¿Cuántos ejercicios resolvió Matías correctamente?

9. Hallen la razón de cada una de las sucesiones que son progresiones geométricas del ejercicio anterior.

10. Roberto deposita en su caja de ahorro $ 2.000 al 5 % mensual. Si cada mes retira los intereses y se los regala a su hijo, ¿cuánto dinero habrá recibido su hijo al cabo de 2 años?

11. Beatriz colocó $ 5.000 en un plazo fijo a un año. Vencido el plazo, cobró $ 8.600. ¿Cuál era el interés mensual que le pagó el banco?

12. En la fecha de vencimiento de un plazo fijo a 18 meses, Carlos retiró $ 1.925. Si la tasa de interés era del 1 % mensual, ¿cuál fue el monto que depositó?

13. Luisa deposita $ 4.000 en un banco que paga el 7 % bimestral de interés. Si deja el capital depositado durante 2 años, ¿cuánto dinero retirará al cumplirse este plazo?

14. Horacio depositó $ 2.000 en un banco al 3 % mensual de interés. Si retira $ 3.404,86, ¿cuánto tiempo estuvo colocado el dinero?

15. Susana colocó dinero en un banco que paga el 5 % mensual. Si al cabo de 3 años retiró $ 7.529, ¿cuál fue el monto depositado?

16. Hallen la suma de los treinta primeros términos de la progresión: 2; 9; 16; 23; ...

17. Calculen la suma de los dieciocho primeros términos de una progresión aritmética cuyo primer término es –2 y cuya razón es 9.

Problema IV

Enrique le compra una computadora a su amigo Pablo. Acuerdan el precio en $ 265 y el pago en 6 cuotas, de tal forma que cada una sea el doble de la anterior. ¿Cuál es el monto de cada cuota?

Problema V

Para saldar una deuda, Martín propone pagarla en cuotas durante un año, de tal manera que cada mes pago $ 70 más que el mes anterior. Si la sexta cuota es de $ 280, ¿cuánto paga en total Martín?

18. Hallen la suma de los treinta primeros términos de la siguiente progresión: 2; 9; 40,5; ...

19. Calculen la suma de los dieciséis primeros términos de una progresión geométrica cuyo primer término es –0,2 y cuya razón es 3.

20. Calculen la suma de los veinte primeros términos de una progresión geométrica cuyos dos primeros términos son –1 y 3.

Problema VI

Esteban pidió un préstamo de $ 35.000 a un banco, y pacta pagarlo en 5 cuotas de la siguiente manera: al finalizar cada año, paga ⅕ del capital y los intereses correspondientes al capital no devuelto durante ese año, con una tasa de interés del 12 % anual. ¿A cuánto asciende cada cuota?

Problema VII

Por un préstamo de $ 15.000, solicitado en un banco que tiene pactada una tasa del 1 % mensual, se arregla el pago en 60 cuotas iguales. ¿De cuánto debe ser la cuota para que se amortice el préstamo pedido?

21. Partimos un segmento de 1 cm de largo en tres segmentos iguales. Sobre el central, dibujamos un triángulo equilátero y quitamos este segmento de la figura. Repetimos la construcción sobre cada segmento resultante sucesivamente, como se muestra en el esquema.

Encuentren el término general de la longitud de la figura resultante, en el paso **n**. La figura resultante, a medida que **n** es cada vez mayor, se llama "copo de nieve de Koch".

Problema VIII

Si todos los meses, durante 5 años, depositamos $ 300 en una caja de ahorro de un banco que otorga un 0,5 % de interés mensual, ¿cuál es el monto que logramos juntar en esa cuenta después de los 5 años?

22. Alberto tomó una hipoteca de $ 40.000 para comprarse una casa. Convino saldarla de la siguiente manera: al terminar cada año, pagará el 15 % del capital y los intereses correspondientes al capital no devuelto con una tasa de interés del 28 % anual. ¿De cuánto será cada cuota?

23. María sacó un crédito por $ 15.000. Si lo paga en 40 cuotas iguales y el banco cobra el 2 % de interés mensual, ¿de cuánto serán las cuotas?

24. Daniel deposita todos los meses $ 50 en su caja de ahorro. Su banco paga el 0,4 % mensual de interés. ¿Cuánto dinero tendrá ahorrado en su cuenta dentro de 3 años si no efectúa retiros durante ese lapso?

25. Miguel quiere comprar un celular de $ 360 en 12 cuotas mensuales iguales. Si la financiación contempla un interés del 2 % mensual, ¿cuánto deberá pagar por mes?

Problema IX

Claudia armó una sucesión calculando, primero, el perímetro de un cuadrado de 1 cm de lado, luego tomó los puntos medios de cada lado, los unió y calculó el perímetro del cuadrado obtenido. Luego volvió a tomar los puntos medios de los lados de este nuevo cuadrado y calculó el perímetro del cuadrado que quedó formado al unirlos. Encuentren el término general y grafiquen la sucesión.

Problema X

Se define la sucesión que cuenta la cantidad de puntos necesarios para dibujar los siguientes triángulos. Encuentren el término general de la sucesión y realicen el gráfico cartesiano correspondiente.

26. Se define la sucesión que cuenta la cantidad de puntos necesarios para realizar los siguientes cuadrados:

a. Escriban el término general de la sucesión.
b. Representen gráficamente la sucesión que encontraron.

27. Sol diseñó el siguiente patrón para armar pulseras con perlas: coloca una perla dorada y la rodea con seis perlas blancas, como indica el dibujo.

a. Calculen cuántas perlas tendrá que colocar si pone 20 perlas doradas.
b. Escriban el término general de la sucesión que cuenta la cantidad de perlas blancas en función de la cantidad de perlas doradas.
c. Representen gráficamente la sucesión que encontraron.

28. Analicen, a partir de los gráficos que construyeron, si las sucesiones de los problemas 26 y 27 son convergentes. En caso de que lo sean, indiquen cuál es su límite.

29. Representen gráficamente las siguientes sucesiones. Analicen si son convergentes, divergentes u oscilantes. Cuando exista, indiquen cuál es su límite.

$$a_n = 4n(n+1) \qquad b_n = \left(-\frac{1}{2}\right)^n \qquad c_n = 3 \cdot (-2)^n$$

30. ¿En qué casos una sucesión geométrica tiende a 0? ¿Cómo se dan cuenta?

31. ¿En qué casos una sucesión geométrica tiende a infinito? ¿Cómo se dan cuenta?

32. ¿En qué casos una sucesión geométrica es oscilante? ¿Cómo se dan cuenta?

33. ¿Cómo son las sucesiones aritméticas: convergentes, divergentes u oscilantes? ¿Por qué?

Problema XI

Miguel ganó cierta suma de dinero en la lotería y la quiere invertir de la mejor manera posible.

Averiguando en distintos bancos, obtiene la siguiente información:

Banco Seguro	Banco Cómodo	Banco Cuarta	Banco El barrio
Plazo fijo a 1 año	Plazo fijo a 1 año con capitalización trimestral	Plazo fijo a 1 año con capitalización cuatrimestral	Plazo fijo a 1 año con capitalización semestral
TNA 100 %	TNA 100 %	TNA 100 %	TNA 100 %

Miguel analiza detenidamente las propuestas y observa que, a medida que le acortan el período de capitalización, el importe obtenido al finalizar el año es mayor. Decide, entonces, proponerle a algún banco una capitalización por segundo, para convertirse rápidamente en millonario. ¿Es correcto el razonamiento de Miguel?

34. La familia de Juan planifica hacer un viaje dentro de 5 años. Decidieron juntar el dinero de la siguiente manera: depositarán en el banco $ 300 a fines de junio y $ 300 a fines de diciembre de cada año, durante los próximos 5 años. Si el banco paga el 32 % anual de interés, ¿cuánto dinero tendrán dentro de 5 años?

35. Alberto cobra a fines de junio y de diciembre, respectivamente, $ 600 en concepto de aguinaldo. Solicitó a su empleador que le invierta ese dinero en acciones de la empresa. Se sabe que el rendimiento anual es del 35 %, con capitalización semestral. ¿Cuánto dinero tendrá dentro de 3 años?

Problema XII

Se parte de un cuadrado de 1 cm de lado y se ubica encima un cuadrado A_1 igual al inicial, obteniéndose un rectángulo. Se coloca a la derecha otro cuadrado, A_2, de lado igual al lado mayor del rectángulo. Luego, hacia abajo, se coloca un cuadrado A_3, cuyo lado es igual al lado mayor del rectángulo. Se repite el procedimiento hacia la izquierda, y así sucesivamente, se gira en forma circular. Encuentren la medida del lado mayor del rectángulo que se forma en el paso 15.

Vamos a utilizar el programa Geogebra para graficar algunas sucesiones y evaluar si son convergentes, divergentes u oscilantes. Sigan las instrucciones y resuelvan los ejercicios propuestos.
Tienen que abrir el programa, en la solapa "Vista" hagan clic en "Hoja de cálculo", y les aparecerá una ventana como esta.

En la columna A de la hoja de cálculo, coloquen n_i y en la columna B, la sucesión. Por ejemplo:

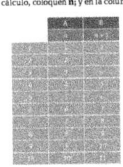

Luego seleccionen ambas columnas y, haciendo clic con el botón derecho del mouse, se desplegará una ventana en la cual tienen que seleccionar "Crea" y luego "Lista de puntos"; y así grafican la sucesión en la "Vista gráfica".
Trabajen con las siguientes sucesiones y vean si son convergentes, divergentes u oscilantes.

1. $a_n = 4 \cdot (-1)^n$ ....

2. $b_n = 2n\,(n - 5)$ ....

3. $c_n = 1 + \dfrac{3}{n}$ ....

4. $d_n = n^2$ ....

5. $e_n = \dfrac{n\,(n + 2)}{4}$ ....

6. $f_n = \dfrac{(-2)^n}{n}$ ....

Progresiones aritméticas y geométricas

Problema I

El banco Dinero Fácil le ofrece el 4 % de interés simple. Esto quiere decir que cada mes le dará el 4 % del capital inicial.

Comienzo	$C = C_0$ (capital inicial)
Mes 1	$C + C \cdot 0,04 = C_1$
Mes 2	$C_1 + C \cdot 0,04 = C + C \cdot 0,04 + C \cdot 0,04 = C + 2 \cdot C \cdot 0,04 = C_2$
Mes 3	$C_2 + C \cdot 0,04 = C + 3 \cdot C \cdot 0,04 = C_3$
...	
...	
Mes n	$C_{n-1} + C \cdot 0,04 = C + n \cdot C \cdot 0,04 = C_n$

Tenemos, entonces, definida una función que a cada mes le asigna el capital final obtenido:
$C(n) = C_n = C + n \cdot C \cdot 0,04$

Sucesiones

El dominio de la función $C(n)$ es el conjunto $\mathbb{N}_0$, de los números naturales con el 0. A este tipo de funciones se las llama **sucesiones**. En lugar de escribirse $C(n)$, suelen notarse como C_n.

> Una sucesión es una función cuyo dominio son los números naturales con el 0.
> $$C: \mathbb{N}_0 \to \mathbb{R}$$
> El término general de una sucesión es la fórmula que define la función. $C_n = C(n)$

Por ejemplo: En el problema I, la función definida es una sucesión C_n, cuyo término general es:
$C_n = C + n \cdot C \cdot 0,04$
Lo que estamos buscando es saber después de cuántos meses se obtiene el doble del capital inicial, es decir, para qué valor de **n** se cumple:
$C + n \cdot C \cdot 0,04 = 2C \Rightarrow n \cdot C \cdot 0,04 = C \Rightarrow n \cdot 0,04 = 1 \Rightarrow n = 1 : 0,04 \Rightarrow n = 25$
Por lo tanto, después de 25 meses se duplica el capital depositado.

Progresiones aritméticas y geométricas

Vemos que en la sucesión planteada en el problema I, cada término se obtiene sumando $C \cdot 0,04$ al término anterior:

$C_1 - C_0 = C + C \cdot 0,04 - C = C \cdot 0,04$
$C_2 - C_1 = C + 2 \cdot C \cdot 0,04 - (C + C \cdot 0,04) = C \cdot 0,04$
$C_3 - C_2 = C + 3 \cdot C \cdot 0,04 - (C + 2 \cdot C \cdot 0,04) = C \cdot 0,04$
....
$C_n - C_{n-1} = C + n \cdot C \cdot 0,04 - [C + (n-1) \cdot C \cdot 0,04] = C \cdot 0,04$
Este tipo de sucesiones se llaman **progresiones aritméticas.**

Una sucesión a_n que verifica que la diferencia entre un término y el anterior es constante se llama **progresión aritmética**, es decir: $a_n - a_{n-1} = $ constante y $n \in \mathbb{N}$.
A esta constante se la llama **razón**.
El término general de una progresión aritmética de razón r es: $a_k = a_0 + k \cdot r$, con $k \in \mathbb{N}$.

Para analizar la oferta del banco Sin Engaños del problema 1, la sucesión se define de la siguiente manera:

Comienzo	$C = B_0$ (capital inicial)
Mes 1	$C + C \cdot 0,03 = C \cdot 1,03 = B_1$
Mes 2	$B_1 + B_1 \cdot 0,03 = B_1 \cdot 1,03 = C \cdot 1,03^2 = B_2$
Mes 3	$B_2 \cdot 1,03 = C \cdot 1,03^3 = B_3$
....	
Mes n	$B_{n-1} \cdot 1,03 = C \cdot 1,03^n = B_n$
	$B_n = C \cdot 1,03^n$

Necesitamos saber después de cuánto tiempo se duplica el capital inicial, o sea, para qué valor de **n** se cumple:

$$C \cdot 1,03^n = 2 \cdot C \Rightarrow 1,03^n = 2 \Rightarrow n \cdot \log 1,03 = \log 2 \Rightarrow n = 23,44$$

Por lo tanto, al mes 24 el inversionista duplica su dinero y, entonces, le conviene la segunda institución.
La sucesión B_n de este problema cumple que para obtener cada término, se multiplica el anterior por 1,03:

$$\frac{B_1}{B_0} = \frac{C \cdot 1,03}{C} = 1,03$$

$$\frac{B_2}{B_1} = \frac{C \cdot 1,03^2}{C \cdot 1,03} = 1,03$$

$$..................$$

$$\frac{B_n}{B_{n-1}} = \frac{C \cdot 1,03^n}{C \cdot 1,03^{n-1}} = 1,03$$

A este tipo de sucesiones se las llama **progresiones geométricas**.

Una sucesión b_n que cumple que el cociente entre un término y el anterior es constante se llama progresión **geométrica**, o sea:

$$\frac{b_n}{b_{n-1}} = \text{constante}, \text{ y } n \in \mathbb{N}$$

A esta constante se la llama **razón**.
El término general de una progresión geométrica de razón r es: $a_k = a_0 \cdot r^k$, con $k \in \mathbb{N}$.

Problema II

Si llamamos a_0 a lo que recibe el menor, a_1 a lo que recibe el siguiente y así hasta a_4 a lo que recibe el mayor, las condiciones que se deben cumplir son:

$a_0 + a_1 + a_2 + a_3 + a_4 = 100.000$

$\left.\begin{array}{l} a_4 - a_0 = 900 \\ a_1 - a_0 = r \\ a_2 - a_1 = r \\ a_3 - a_2 = r \\ a_4 - a_3 = r \end{array}\right\}$ => la sucesión es una progresión aritmética de razón r.

Por lo tanto, $a_k = a_0 + k \cdot r$, con $k = 0, 1, 2, 3, 4$.
La segunda condición queda:
$a_4 - a_1 = a_0 + 4 \cdot r - (a_0 + r) = 900$ => $3r = 900$ => $r = 300$

La razón de esta progresión aritmética es $\$ \ 300$. La suma es $\$ \ 100.000$; reemplazando, nos queda:

$a_0 + a_0 + r + a_0 + 2r + a_0 + 3r + a_0 + 4r = 100.000$ => $5a_0 + r \cdot (1 + 2 + 3 + 4) = 100.000$
En este caso, al reemplazar, obtenemos:
$5a_0 + 300 (1 + 2 + 3 + 4) = 100.000$ => $5a_0 + 300 \cdot 10 = 100.000$ => $a_0 = (100.000 - 3.000) : 5$ =>
=> $a_0 = 19.400$

Por lo tanto, los nietos reciben: $\$ \ 19.400, \$ \ 19.700, \$ \ 20.000, \$ \ 20.300 \ y \ \$ \ 20.600$.
En este caso, en el que solo hay 5 términos, la suma es sencilla de calcular.

Suma de los **n** primeros términos de una progresión

En general, si sumamos los **n** primeros términos de una progresión aritmética, obtenemos:
$a_0 + a_1 + a_2 + \dots + a_{n-2} + a_{n-1} = a_0 + a_0 + r + a_0 + 2r + \dots + a_0 + (n - 2) \cdot r + a_0 + (n - 1) \cdot r =$
$= n \cdot a_0 + r \cdot [1 + 2 + \dots + (n - 2) + (n - 1)]$

Vamos a encontrar una forma sencilla de sumar los números naturales del 1 al $n - 1$.
Para esto los sumamos dos veces, pero ordenando de manera conveniente:

$\begin{array}{ccccccccc} 1 & + & 2 & + \dots + & (n - 2) & + & (n - 1) \\ (n - 1) & + & (n - 2) & + \dots + & 2 & + & 1 \\ \hline n & + & n & + \dots + & n & + & n & = n \cdot (n - 1) \end{array}$

Como aquí sumamos el doble de lo que buscábamos:

$1 + 2 + \dots + (n - 2) + (n - 1) = \dfrac{n \cdot (n - 1)}{2}$

Conclusión
La suma de los $n - 1$ primeros números naturales es $\dfrac{n \cdot (n - 1)}{2}$.

Por lo tanto, la suma de los primeros **n** términos de una progresión aritmética se obtiene:

$$a_0 + a_1 + a_2 + \dots + a_{n-2} + a_{n-1} = n \cdot a_0 + r \cdot \frac{n \cdot (n-1)}{2}$$

Para abreviar la suma se escribe el símbolo Σ, que quiere decir **sumatoria** y es la letra griega sigma mayúscula. Utilizando este símbolo:

$$\sum_{k=0}^{n-1} a_k = a_0 + a_1 + \dots + a_{n-1}$$

Conclusión

La suma de los n primeros términos de una progresión aritmética de razón r es:

$$\sum_{k=0}^{n-1} a_k = n \cdot a_0 + r \cdot \frac{n \cdot (n-1)}{2}$$

Problema III

Definiremos lo que recibe Matías por cada problema bien resuelto como una sucesión:

$$a_1 = 1 \qquad a_2 = 2 \qquad a_3 = 4 \qquad a_4 = 8\dots$$

Esta es una progresión geométrica de razón 2. Queremos encontrar cuántos términos es necesario sumar para que se obtenga $ 655,35 = 65.535 centavos. Busquemos una manera de calcular esta suma en general:

$$a_1 + a_2 + \dots + a_{n-1} + a_n = a_1 \cdot r + a_1 \cdot r^2 + \dots + a_1 \cdot r^{n-1} = a_1 \cdot (1 + r + r^2 + \dots + r^{n-1})$$

Si **n** no es un número demasiado grande, la cuenta que está indicada en el paréntesis puede resolverse fácilmente. Veamos otra manera de escribir esta expresión. Llamemos:

$$S_n = 1 + r + r^2 + \dots + r^{n-1} \,(1)$$

Se cumple que: $r \cdot S_n = r + r^2 + \dots + r^{n-1} + r^n \,(2)$

Si restamos las expresiones que obtuvimos en (1) y (2), y sacamos factor común S_n:

$$S_n - r \cdot S_n = (1 - r) \cdot S_n = 1 - r^n$$

Por lo tanto, si $r \neq 1$ tenemos que:

$$S_n = \frac{1 - r^n}{1 - r}$$

Conclusión

La suma de los n primeros términos de una progresión geométrica con razón $r \neq 1$ es:

$$\sum_{k=1}^{n} a_k = a_1 \cdot \frac{r^n - 1}{r - 1}$$

Entonces, para resolver la ecuación planteada en el problema III, hay que buscar los valores de n que verifican:

$$\sum_{k=1}^{n} a_k = 1 \cdot \frac{2^n - 1}{2 - 1} = 65.535$$

Queda, entonces: $2^n - 1 = 65.535 \Rightarrow 2^n = 65.536 \Rightarrow n = 16$

Por lo tanto, Matías resolvió 16 problemas bien.

Problema IV

Enrique determina que cada cuota será el doble de la anterior; por lo tanto, la sucesión formada por las 6 cuotas es una progresión geométrica de razón 2.

Cuota 1 = a_0 Cuota 2 = $a_1 = a_0 \cdot 2$ Cuota 3 = $a_2 = a_0 \cdot 2^2$...   Cuota 6 = $a_5 = a_0 \cdot 2^5$

Para respetar el precio que acordaron, la suma de estas 6 cuotas debe dar $ 945. Utilicemos la fórmula de la suma de los 6 primeros términos de una progresión geométrica de razón 2:

$$\sum_{k=0}^{5} a_0 \cdot 2^k = a_0 \cdot \frac{2^6 - 1}{2 - 1} = a_0 \cdot 63 = 945 \Rightarrow a_0 = \frac{945}{63} = 15$$

Por lo tanto, las cuotas son de $ 15, $ 30, $ 60, $ 120, $ 240 y $ 480.

Problema V

Si definimos la sucesión b_k de las cuotas que debe pagar Martín, como cada cuota es de $ 70 más que la anterior, esta es una progresión aritmética de razón 70.

$b_2 = b_1 + 70$ $b_3 = b_1 + 2 \cdot 70$ $b_4 = b_1 + 3 \cdot 70$

La undécima cuota será: $b_{11} = b_1 + 10 \cdot 70 = 780 \Rightarrow b_1 = 80$

Lo que el problema requiere es encontrar la suma de todas las cuotas. Usemos para ello la fórmula de la suma de los 12 primeros términos de una progresión aritmética de razón 70:

$$\sum_{k=1}^{12} b_k = 12 \cdot 80 + 70 \cdot \frac{12 \cdot 11}{2} = \$ 5.580.$$ Por lo tanto, Martín debe pagar $ 5.580.

Problema VI

Analicemos lo que se debe pagar cada año:

1.º año $C_1 = \dfrac{35.000}{5} + 35.000 \cdot 0,12 = 11.200$

Como los $\frac{4}{5}$ del capital no se pagaron, sobre este importe se cobrará el interés del nuevo año.

Y, así, cada año queda sin pagar $\frac{1}{5}$ menos.

2.º año: $C_2 = 7.000 + 35.000 \cdot \dfrac{4}{5} \cdot 0,12 = 10.360$

3.º año: $C_3 = 7.000 + 35.000 \cdot \dfrac{3}{5} \cdot 0,12 = 9.520$

Las cuotas forman una progresión aritmética, ya que cada año se paga una quinta parte menos de $35.000 \cdot 0,12$; por lo tanto, la razón es $r = -35.000 \cdot \dfrac{0,12}{5}$

4.º año: $C_4 = C_3 - \dfrac{35.000}{5} \cdot 0,12 = 9.520 - 840 = 8.680$. 5.º año: $C_5 = C_4 - 840 = 8.680 - 840 = 7.840$

En consecuencia, las cuotas son de $ 11.200, $ 10.360, $ 9.520, $ 8.680 y $ 7.840.

Problema VII

En este banco, las 60 cuotas son iguales. Llamemos **C** al valor de la cuota. La primera cuota se paga 1 mes después; por lo tanto, tiene incluido el 1 % de interés, es decir, lo que estamos pagando de la deuda con una cuota de $ **C** es la deuda y el 1 % de interés. Si **D** es la deuda:

$$D + 0,01 \cdot D = C \Rightarrow 1,01 \cdot D = C \Rightarrow D = \dfrac{C}{1,01}$$

Así sucede con cada cuota. Veamos esto más claramente en un cuadro:

Préstamo	1ª cuota	2ª cuota	...	cuota 60
35.000				
$\dfrac{}{1,01}$		1		
$\dfrac{}{1,01^2}$				
$\dfrac{}{1,01^{60}}$				

Si llamamos a_n a la parte de la deuda que representa la cuota **n**, $a_n = \dfrac{C}{(1,01)^n}$

a_n es una progresión geométrica de razón $t = \dfrac{1}{1,01}$

La suma de lo que representa cada cuota debe dar 35.000, que es el monto del préstamo:

$$\sum_{n=1}^{60} a_n = C \cdot \frac{1}{1,01} + C \cdot \frac{1}{1,01} \cdot \left(\frac{1}{1,01}\right)^2 + \dots + C \cdot \left(\frac{1}{1,01}\right)^{60} = C \cdot \frac{1}{1,01}\left[1 + \frac{1}{1,01} + \left(\frac{1}{1,01}\right)^2 + \dots + \left(\frac{1}{1,01}\right)^{59}\right] =$$

$$= C \cdot \frac{1}{1,01} \cdot \frac{\left(\frac{1}{1,01}\right)^{60} - 1}{\frac{1}{1,01} - 1} \approx C \cdot 44,955 = 35.000 \Rightarrow C \approx 778,55$$

Por lo tanto, cada cuota debe ser, aproximadamente, de $ 778,55.

Problema VIII

El primer depósito de $ 300, durante 5 años, dará un interés de 0,5 % $\Rightarrow$ al finalizar los 60 meses representará un importe en pesos de $c_1 = 300 \cdot (1,005)^{60}$.

Para el segundo depósito pasará lo mismo, pero durante 59 meses $\Rightarrow$ al finalizar los 60 meses representará un importe en pesos de $c_2 = 300 \cdot (1,005)^{59}$.

Si llamamos c_n al importe obtenido por el depósito n-ésimo al finalizar el mes 60,

$c_1 = 300 \cdot (1,005)^{60}$

$c_n = 300 \cdot (1,005)^{60 - (n-1)} = 300 \cdot 1,005^{61} \cdot 1,005^{-n} = 300 \cdot 1,005^{61} \cdot \left(\dfrac{1}{1,005}\right)^n$

Esta es una progresión geométrica de razón $\dfrac{1}{1,005}$

Sumemos todo para saber cuánto dinero se obtiene:

$300 \cdot 1,005^{60} + 300 \cdot 1,005^{59} + 300 \cdot 1,005^{58} + \dots + 300 \cdot 1,005 =$

$= 300 \cdot 1,005 \cdot (1,005^{59} + 1,005^{58} + \dots + 1) = 300 \cdot 1,005 \cdot \dfrac{1,005^{60} - 1}{1,005 - 1} = 21.035,66$

Por lo tanto, logramos juntar $ 21.035,66.

Problema IX

Hagamos los gráficos que se indican en cada paso:

En el paso 1, el perímetro es 4 cm $\Rightarrow P = 4$.
En el paso 2, cada lado del nuevo cuadrado se puede calcular utilizando el teorema de Pitágoras.

$$l^2 = \left(\frac{1}{2}\right)^2 + \left(\frac{1}{2}\right)^2 \Rightarrow l = \sqrt{\frac{1}{4} + \frac{1}{4}} = \frac{\sqrt{2}}{2}$$

El perímetro en cm es $4 \cdot \frac{\sqrt{2}}{2} = 2\sqrt{2} \Rightarrow P = 2\sqrt{2}$

Para el tercer paso, se utilizan los puntos medios de los lados de un cuadrado de $\frac{\sqrt{2}}{2}$ cm de lado. Calculamos la nueva medida de sus lados con el teorema de Pitágoras:

$$l^2 = \left(\frac{\sqrt{2}}{4}\right)^2 + \left(\frac{\sqrt{2}}{4}\right)^2 = \frac{4}{16} \Rightarrow l = \frac{1}{2}$$

El perímetro en cm es: $4 \cdot \frac{1}{2} = 2 \Rightarrow P = 2$

En el cuarto paso, tomamos los puntos medios de los lados de un cuadrado de $\frac{1}{2}$ cm de lado. Si aplicamos el teorema de Pitágoras:

$$l^2 = \left(\frac{1}{4}\right)^2 + \left(\frac{1}{4}\right)^2 = 2 \cdot \frac{1}{16} = \frac{1}{8} \Rightarrow l = \frac{1}{\sqrt{8}} = \frac{\sqrt{2}}{4}$$

El perímetro en cm es $4 \cdot \frac{\sqrt{2}}{4} = \sqrt{2} \Rightarrow P_4 = \sqrt{2}$

Si seguimos así, obtenemos una sucesión que verifica:

$$\frac{P_2}{P_1} = \frac{2\sqrt{2}}{4} = \frac{\sqrt{2}}{2} \qquad \frac{P_3}{P_2} = \frac{2}{2\sqrt{2}} = \frac{1}{\sqrt{2}} = \frac{\sqrt{2}}{2} \qquad \frac{P_4}{P_3} = \frac{\sqrt{2}}{2}$$

Vemos entonces que P_n es una progresión geométrica de razón $\frac{\sqrt{2}}{2}$; por lo tanto, el término general es:

$$P_n = 4 \cdot \left(\frac{\sqrt{2}}{2}\right)^{n-1}$$

El gráfico correspondiente será:

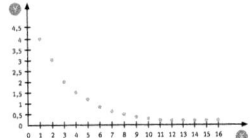

Sucesiones convergentes, divergentes y oscilantes

En el problema IX, podemos ver que, a medida que **n** toma valores cada vez mayores, el valor de P_n es cada vez más cercano a 0. Si tomamos un intervalo alrededor de 0, en la imagen, por pequeño que este sea, a partir de cierto valor de **n** todos los P_n están en ese intervalo.

Decimos, entonces, que P_n tiende a 0 cuando **n** tiende a infinito, es decir el límite cuando **n** tiende a infinito de P_n es 0. La notación que se utiliza en este caso es:

$$\lim_{n \to \infty} P_n = 0$$

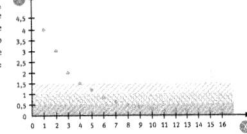

Decimos que una sucesión a_n es **convergente con límite L** si, por más pequeño que sea el intervalo tomado en el codominio de a_n, alrededor de L, la imagen de la sucesión queda dentro de ese intervalo, a partir de algún valor de n. Se escribe, entonces: $\lim a_n = L$

Problema X

Definamos la sucesión a_n = cantidad de puntos de un triángulo de n + 1 puntos de lado.
Veamos cómo podemos contar los puntos. El primer triángulo tiene 3 puntos => $a_1 = 3$
El segundo triángulo tiene 3 en la primera fila, 2 en la segunda y 1 en la tercera => $a_2 = 1 + 2 + 3$
El tercer triángulo tiene 4 puntos en la primera fila, 3 en la segunda, y así sigue hasta la cuarta, que tiene 1 punto => $a_3 = 1 + 2 + 3 + 4$
El término general será, entonces, la suma de los números naturales de 1 hasta n + 1:
$a_n = 1 + 2 + 3 + ... + (n + 1)$
Si usamos la fórmula de la suma de los **n** primeros términos de una sucesión vista anteriormente, queda: $a_n = \frac{(n + 1)(n + 2)}{2}$

El gráfico de esta sucesión es:

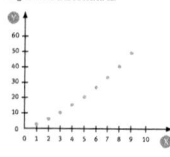

Podemos observar que, a medida que **n** toma valores cada vez más grandes, los valores de a_n serán cada vez mayores. Esta sucesión no cumple que los valores de a_n se acerquen a un valor determinado; por lo tanto, no es convergente. Como los valores de a_n son mayores que cualquier número positivo que tomemos a partir de cierto valor de **n**, decimos que el límite de a_n es $+\infty$ y lo escribimos así:

$$\lim_{n \to \infty} a_n = +\infty$$

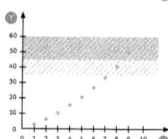

Si la sucesión tiende a menos infinito, pasará que los valores de a_n son menores que cualquier número negativo que pongamos, a partir de algún **n**. En general, diremos que las sucesiones divergentes son aquellas cuyo límite es $+\infty$ o $-\infty$.

Una sucesión a_n es **divergente** si para cualquier número positivo K, los módulos de las imágenes de a_n son mayores que K, a partir de algún n ∈ IN. En este caso, escribimos:

$$\lim_{n \to \infty} a_n = \infty$$

Las sucesiones que no son ni convergentes ni divergentes se llaman oscilantes.

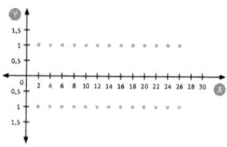

Por ejemplo:
La sucesión $b_n = (-1)^n$ es oscilante. Observando su gráfico, podemos ver que, como sus valores son, alternadamente, 1 y -1, no puede acercarse a ningún valor y tampoco es divergente.

Problema XI

Supongamos que Miguel tiene para invertir $ C, que llamaremos **capital inicial**. Analicemos cuánto dinero retiraría Miguel al cabo de 1 año en cada banco.

Banco Sensato $ C $\xrightarrow{\hspace{2cm}\text{1 año}\hspace{2cm}}$ $(C + C)$

Llamemos $a_1 = C(1 + 1)$ al monto si la capitalización es anual (se obtienen intereses solamente al finalizar el año): $a_1 = 2 \cdot C$

Banco Contado

En este banco, la capitalización es semestral; es decir que, al finalizar los primeros 6 meses, se acreditan la mitad de los intereses, y estos, a su vez, generan intereses los 6 meses siguientes.

$$\$ C \underset{\substack{\uparrow \\ 6\ meses}}{\rightarrow} \$\left(C + \frac{1}{2}C\right) \underset{\substack{\uparrow \\ 6\ meses}}{\rightarrow} \$\left(C + \frac{1}{2}C\right) + \frac{1}{2}\left(C + \frac{1}{2}C\right) = \underset{\text{un solo factor común}}{\left(C + \frac{1}{2}C\right)\left(1 + \frac{1}{2}\right)} = C\left(1 + \frac{1}{2}\right)^2$$

Llamemos $a_2 = C\left(1 + \frac{1}{2}\right)^2$ al monto final si la capitalización es semestral (se obtienen intereses dos veces al año): $a_2 = C\left(1 + \frac{1}{2}\right)^2 = C \cdot \frac{9}{4} > a_1$; por lo tanto, ganará más en este banco que en el anterior.

Banco Cuarto

En este banco, la capitalización es cuatrimestral, es decir que el año queda dividido en tres partes:

$$\$C \underset{\substack{\uparrow \\ 4\ meses}}{\rightarrow} \$\left(C + \frac{1}{3}C\right) \underset{\substack{\uparrow \\ 4\ meses}}{\rightarrow} \$\left(C + \frac{1}{3}C\right) + \frac{1}{3}\left(C + \frac{1}{3}C\right) = \underset{\text{sacando factor común}}{\left(C + \frac{1}{3}C\right)\left(1 + \frac{1}{3}\right)} =$$

$$C\left(1 + \frac{1}{3}\right)^2 \underset{\substack{\uparrow \\ 4\ meses}}{\rightarrow} C\left(1 + \frac{1}{3}\right)^2 + \frac{1}{3}\ C\left(1 + \frac{1}{3}\right)^2 = \underset{\text{sacando factor común}}{C\left(1 + \frac{1}{3}\right)^3}$$

El monto con capitalización cuatrimestral es: $a_3 = C\left(1 + \frac{1}{3}\right)^3 = C \cdot \frac{64}{27} > a_2$

Banco Tripartito

En este banco, la capitalización es trimestral, es decir, el año queda dividido en cuatro partes:

$$\$ C \underset{\substack{\uparrow \\ 3\ meses}}{\rightarrow} \$\left(C + \frac{1}{4}C\right) \underset{\substack{\uparrow \\ 3\ meses}}{\rightarrow} \$\left(C + \frac{1}{4}C\right) + \frac{1}{4}\left(C + \frac{1}{4}C\right) = \underset{\text{un solo factor común}}{\left(C + \frac{1}{4}C\right)\left(1 + \frac{1}{4}\right)} =$$

$$C\left(1 + \frac{1}{4}\right)^2 \underset{\substack{\uparrow \\ 3\ meses}}{\rightarrow} C\left(1 + \frac{1}{4}\right)^2 + \frac{1}{4}\ C\left(1 + \frac{1}{4}\right)^2 = \underset{\text{sacando factor común}}{C\left(1 + \frac{1}{4}\right)^3} = C\left(1 + \frac{1}{4}\right)^4$$

El monto con capitalización cuatrimestral es: $a_4 = C\left(1 + \frac{1}{4}\right)^4 = C \cdot \frac{625}{256} > a_3$

Si siguiéramos dividiendo el año en más partes y capitalizando, obtendríamos una sucesión:

a_n = monto obtenido con capitalización n veces por año:

$$a_n = C\left(1 + \frac{1}{n}\right)^n$$

Consideremos $C = 1$ y analicemos la sucesión: $b_n = \left(1 + \frac{1}{n}\right)^n$

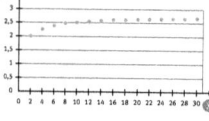

Como vimos, esta sucesión es creciente, es decir que cada término es mayor que el anterior. Analicemos su límite en el gráfico de arriba.

Vemos que esta sucesión es creciente y tiende a algún número entre 2 y 3. A este número se lo llama **e**.

Llamamos número neperiano, y lo notamos con la letra e, al número:

$$e = \lim_{n \to \infty} \left(1 + \frac{1}{n}\right)^n$$

Por lo tanto, volviendo al problema, tenemos que:

$$a_n = C\left(1 + \frac{1}{n}\right)^n < C \cdot 3$$

Entonces, aunque la capitalización sea continua, no llegará siquiera a triplicar su capital. Por lo tanto, el razonamiento de Miguel es incorrecto.

El número e no es solución de ninguna ecuación polinómica con coeficientes enteros. Por esta razón, se lo llama número trascendente y se lo define como el límite de distintas sucesiones. Algunas de estas sucesiones son:

$$a_n = \left(1 + \frac{1}{n}\right)^n \qquad\qquad b_n = \sum_{k=0}^{n} \frac{1}{k!}$$

Donde 0! = 1
1! = 1
2! = 2 . 1
3! = 3 . 2 . 1
...
n! = n.(n - 1).(n - 2)... 1 . 2 . 1

$$e = 2 + \cfrac{1}{1 + \cfrac{1}{2 + \cfrac{2}{3 + \cfrac{3}{4 + 4 \ldots}}}}$$

Problema XII

Observemos que cada lado menor es la suma de los lados menores de los rectángulos formados en los dos pasos anteriores. Si llamamos l_n a la medida del lado menor del rectángulo que se forma en el paso **n**:

$$l_1 = 1 \qquad l_2 = 1 \qquad l_3 = 2 \qquad l_4 = 3$$

y, en general, se cumple que:

$$l_n = l_{n-1} + l_{n-2} \qquad n > 2$$

Sucesiones definidas por recurrencia

En la sucesión planteada en este problema, para definir un término es necesario conocer los anteriores; esto quiere decir que la sucesión se define por recurrencia. Además, en este caso, no es posible encontrar la fórmula del término general.

En el paso 15, se tendrá que el lado menor mide 580 cm. Vemos, a partir de su representación gráfica, que es una sucesión divergente:

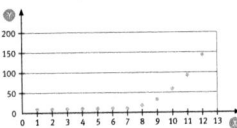

Esta sucesión se llama **sucesión de Fibonacci** y sus términos aparecen a menudo en ejemplos de la naturaleza, como en la corola de la flor del girasol.

Se dice que una sucesión está definida por recurrencia si, para definir el término n-ésimo, se utilizan términos anteriores de la sucesión.

Por ejemplo:

$$a_1 = 1 \qquad a_2 = a_1 + 2 \qquad a_3 = a_2 + 3 \, ... \qquad a_n = a_{n-1} + n$$

En este caso, tenemos que:

$$a_2 = 1 + 2 \qquad a_3 = 1 + 2 + 3 \qquad a_4 = 1 + 2 + 3 + 4$$

En general, tenemos que a_n es la suma de los **n** primeros números naturales. Si usamos la fórmula de la suma de los $n-1$ primeros números naturales, queda:

$$a_n = \frac{n \cdot (n+1)}{2}$$

1. Completen las siguientes progresiones con cuatro términos posteriores:

a. $4,8$; $3,6$; $2,4$; ...; ...; ...; ...

b. -1; $\sqrt{3}$; -3; ...; ...; ...; ...

c. $\sqrt{2}$; $-\sqrt{2}$; $\sqrt{2}$; ...; ...; ...; ...

2. Escriban el término general de las sucesiones anteriores.

3. Escriban los cinco primeros términos de las siguientes sucesiones:

$a_n = (-2)^{n+1}$

$b_n = -2n^2 - 1$

$c_n = \dfrac{2n-3}{1-3}$

$d_n = n(n+3)$

4. Clasifiquen las siguientes sucesiones en progresiones aritméticas o geométricas, e identifiquen en cada una la razón y el término general.

a. $3,25$; $3,24$; $3,23$; ...

b. 4; 2; 1; $0,5$; ...

c. $\dfrac{1}{4}$; $\dfrac{1}{2}$; $\dfrac{3}{4}$; ...

5. Hallen el término 34 de cada una de las progresiones del ejercicio anterior.

6. Escriban los cinco primeros términos de una progresión aritmética de razón 1,5, sabiendo que el octavo término es 12,7.

7. Escriban el término general de una progresión geométrica de razón $\dfrac{1}{3}$.

8. Escriban el término general de una progresión aritmética cuyo segundo término es 9 y cuyo sexto término es 14.

9. Escriban el término general de una progresión geométrica cuyo segundo término es 16 y cuyo sexto término es 81.

10. Hallen los cuatro términos de la progresión aritmética que hay entre 0,4 y 3,2.

11. Hallen los cuatro términos de la progresión geométrica que hay entre −4 y −30,375.

12. Calculen la suma de los quince primeros términos de una progresión aritmética cuyos dos primeros términos son −5 y −1.

13. Calculen la suma de los veinte primeros términos de una progresión aritmética cuyo tercer término es 8 y cuyo sexto término es 23.

14. Mario decide ahorrar dinero para comprarse una computadora. Empieza reservando $ 30 y cada mes guarda $ 5 más que el mes anterior. ¿Cuánto dinero tendrá después de un año?

15. Calculen la suma de los treinta primeros términos de una progresión geométrica cuyo tercer término es 36 y cuyo quinto término es 324.

16. Escriban el término general de una sucesión geométrica que sea oscilante.

17. Claudio sumó algunos términos consecutivos de una progresión aritmética que comienza en 3 y cuya razón es −0,5. Si obtuvo como resultado −112, ¿cuántos términos sumó?

18. ¿Cuánto suman los cien primeros múltiplos positivos de 4?

19. Roxana toma un préstamo y se compromete a abonarlo de la siguiente manera: la primera cuota será de $ 50 y cada una de las siguientes será un 2 % mayor que la anterior. Saldará la deuda después de diez cuotas. ¿Cuál es el valor de la novena cuota? ¿Cuál es el monto total que devuelve?

20. Escriban el término general de una sucesión aritmética que sea convergente. Indiquen cuál es su límite.

21. Se define la sucesión que cuenta la cantidad de fósforos necesarios para realizar las siguientes figuras formadas por hexágonos regulares:

a. Escriban el término general de la sucesión.
b. Representen gráficamente en la carpeta la sucesión encontrada.
c. Analicen si se trata de una sucesión convergente, divergente u oscilante. Si existe, indiquen cuál es su límite.

5

El concepto de límite

A partir del concepto de límite, podemos analizar el comportamiento de una función tanto en intervalos muy pequeños alrededor de un número real (que hasta podría no pertenecer al dominio) como cuando los valores del dominio aumentan indefinidamente. Esto nos permitirá tener una idea más aproximada del gráfico de una función.

Límites

Problema I

Dada la función $f(x) = \frac{x^3 - 9}{x + 2}$:

a. Hallen el dominio de $f(x)$.
b. Completen la siguiente tabla:

x	-2,01	-2,0001	-2,0001	-1,99	-1,999	-1,9999
f(x)						

c. ¿Qué ocurre con los valores de $f(x)$ cuando x toma valores cada vez más cerca de -2?
d. Realicen un gráfico aproximado de $f(x)$.

1. Consideren la función $f(x) = \frac{x^2 - 5x + 6}{x - 3}$.

a. Hallen el dominio de $f(x)$.

b. Completen la siguiente tabla:

x	3,01	3,0001	2,99	2,9999
f(x)				

c. Simplifiquen, si es posible, la expresión de $f(x)$ para cualquier valor de x. Si no es posible, expliquen por qué.

d. Realicen, en la carpeta, un gráfico aproximado de $f(x)$.

2. Determinen para qué valores de x se verifica que $\frac{x^3 - 7x + 6}{x^3 + 4x^2 + x - 6} = \frac{x - 2}{x + 2}$

Problema II

Consideren el siguiente gráfico de f(x) y determinen:

a. El dominio de f(x).

b. $\lim_{x \to ...} f(x) =$ $\lim_{x \to ...} f(x) =$ $\lim_{x \to ...} f(x) =$

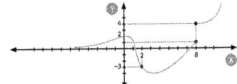

3. A partir de la observación de los siguientes gráficos de funciones, calculen, si es posible, $\lim_{x \to 0} f(x)$. Si no es posible, expliquen por qué.

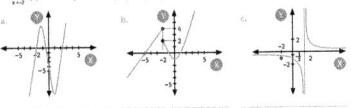

a.   b.   c.

4. Observen el gráfico de f(x) y calculen, si existe, lo indicado. Justifiquen sus respuestas.

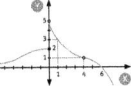

a. $\lim_{x \to 0^+} f(x) =$ e. $\lim_{x \to 1^-} f(x) =$ i. $\lim_{x \to 4^-} f(x) =$

b. $\lim_{x \to 0^-} f(x) =$ f. $\lim_{x \to 1^+} f(x) =$ j. $\lim_{x \to 4^+} f(x) =$

c. $\lim_{x \to 0} f(x) =$ g. $\lim_{x \to 1} f(x) =$ k. $\lim_{x \to 4} f(x) =$

d. $f(0) =$ h. $f(1) =$ l. $f(4) =$

Problema III

Una fábrica de planchas de madera tiene una máquina que corta dichas planchas de forma rectangular, todas del mismo grosor y la misma superficie, 1 cm², pero de diferentes medidas.

a. Si una de las medidas de las planchas es de 10 cm, ¿cuál será la otra?
b. Si una de las medidas de las planchas es de 2 cm, ¿cuál será la otra?
c. Completen la siguiente tabla, donde A es una de las medidas de la plancha y L es la otra.

A (en cm)	1	0,01	0,0001	0,00000001
L (en cm)				

d. ¿Qué sucede con L a medida que A es cada vez más chica?
e. Completen la siguiente tabla:

A (en cm)	100	1.000	100.000	100.000.000
L (en cm)				

f. ¿Qué sucede con L a medida que A es cada vez más grande?

5. Grafiquen una función f(x) cuyo dominio sea **R** y que carezca de límite cuando **x** tiende a –8.

6. Realicen el gráfico de una función f(x) cuyo dominio sea **R** y que carezca de límite cuando **x** tiende a 8 y cuando **x** tiende a – 5, pero que tenga límite cuando **x** tiende a 3.

7. Determinen si son verdaderas o falsas las siguientes afirmaciones. Justifiquen sus respuestas utilizando gráficos:

a. Si $\lim_{x \to 5} f(x) = -9 \Rightarrow f(5) = -9$

b. Si $f(5) = -9 \Rightarrow \lim_{x \to 5} f(x) = -9$

c. Si $-2 \notin$ Dom f $\Rightarrow$ no existe $\lim_{x \to -2} f(x)$

d. Si no existe $\lim_{x \to -2} f(x) \Rightarrow -2 \notin$ Dom f

8. Para la función f(x) cuyo gráfico es:

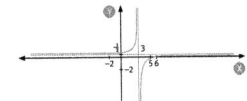

calculen los siguientes límites:

a. $\lim_{x \to 3^+} f(x) =$

c. $\lim_{x \to 6^-} f(x) =$

e. $\lim_{x \to -\infty} f(x) =$

b. $\lim_{x \to 3^-} f(x) =$

d. $\lim_{x \to 6^+} f(x) =$

f. $\lim_{x \to +\infty} f(x) =$

Problema IV

Observen las siguientes gráficas y determinen los límites pedidos.

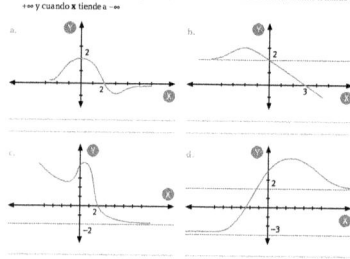

a. $\lim_{x \to \infty} f(x) =$

b. $\lim_{x \to \infty} f(x) =$

c. $\lim_{x \to \infty} g(x) =$

d. $\lim_{x \to \infty} g(x) =$

9. Para cada uno de los siguientes gráficos, analicen el límite de la función cuando **x** tiende a +∞ y cuando **x** tiende a −∞.

a.

b.

c.

d.

Problema V

Consideren las siguientes sucesiones:

$a_n = 3n + 1$ 　　　　 $b_n = \left(\dfrac{1}{2}\right)^n$ 　　　　 $c_n = (-1)^n$

Calculen qué ocurre en cada caso cuando **n** tiende a más infinito.

10. Determinen cuáles de las siguientes sucesiones convergen, cuáles divergen y cuáles oscilan. Justifiquen sus respuestas.

a. $a_n = 5^n$

b. $b_n = n^2 - 2$

c. $c_n = 0,5 \cdot (-1)^n$

d. $d_n = \dfrac{1}{n}$

11. Demuestren las siguientes propiedades de límites:

a. $\lim\limits_{x \to x_0} [f(x) - g(x)] = \lim\limits_{x \to x_0} f(x) - \lim\limits_{x \to x_0} g(x)$

b. $\lim\limits_{x \to x_0} [f(x) \cdot g(x)] = [\lim\limits_{x \to x_0} f(x)] \cdot [\lim\limits_{x \to x_0} g(x)]$

c. $\lim\limits_{x \to x_0} \left[\dfrac{f(x)}{g(x)} \right] = \dfrac{\lim\limits_{x \to x_0} f(x)}{\lim\limits_{x \to x_0} g(x)}$ si $\lim\limits_{x \to x_0} g(x) \neq 0$

12. Considerando que $\lim\limits_{x \to x_0} f(x) = a$, $\lim\limits_{x \to x_0} g(x) = b$ y $\lim\limits_{x \to x_0} t(x) = c$, donde **a**, **b** y **c** son números reales distintos de cero, determinen los siguientes límites:

a. $\lim\limits_{x \to x_0} \dfrac{[f(x)]^b \cdot g(x)}{t(x)} =$

b. $\lim\limits_{x \to x_0} \dfrac{f(x)}{\sqrt[3]{f(x)}} =$

c. $\lim\limits_{x \to x_0} [f(x) + g(x) - 2t(x)] =$

13. Demuestren la siguiente propiedad de límites: Si $\lim\limits_{x \to x_0} f(x) = +\infty$, entonces, para $n \in \mathbb{R}+$ es $\lim\limits_{x \to x_0} [f(x)]^n = +\infty$ y para $n \in \mathbb{R}^-$ es $\lim\limits_{x \to x_0} [f(x)]^n = 0$.

14. Sabiendo que $\lim_{x \to x_0} f(x) = \infty$, $\lim_{x \to x_0} g(x) = b$ y $\lim_{x \to x_0} t(x) = c$, con **b** y **c** números reales distintos de cero, determinen los siguientes límites:

a. $\lim_{x \to x_0} \dfrac{[f(x)]^2 \cdot g(x)}{[t(x)]^2} =$

b. $\lim_{x \to x_0} [f(x) + g(x) - 2t(x)] =$

Problema VI

Encuentren, si existen, los siguientes límites:

a. $\lim_{x \to 0} \operatorname{sen} x$

b. $\lim_{x \to 0} \dfrac{1}{x} \operatorname{sen} x$

15. Demuestren que si P(x) y Q(x) son dos polinomios y $Q(x_0) \neq 0$, entonces:

$$\lim_{x \to x_0} \frac{P(x)}{Q(x)} = \frac{P(x_0)}{Q(x_0)}$$

16. Analicen la existencia de los siguientes límites:

a. $\lim_{x \to \infty} \dfrac{1}{x^2} \cos x =$

c. $\lim_{x \to \infty} \cos x =$

b. $\lim_{x \to \infty} \operatorname{tg} x =$

d. $\lim_{x \to \infty} \dfrac{x - [x]}{x^2} =$

17. Consideren la siguiente función y grafiquen f(x):

$$F(x) = \begin{cases} \dfrac{7x + 2}{x} & \text{si } x < 0 \\ 4x + 1 & \text{si } 0 \leq x < 1 \\ x^2 + 4 & \text{si } x \geq 1 \end{cases}$$

Vamos a trabajar nuevamente con el programa Graphmatica, el cual, además de permitirnos graficar ecuaciones lineales, es una herramienta muy útil para graficar y evaluar el comportamiento de otras funciones, como las cuadráticas, logarítmicas, exponenciales, etcétera.

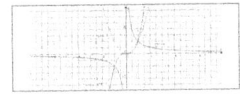

Por eso les proponemos graficar las siguientes funciones y, observando el gráfico, calcular los límites correspondientes a cada una de ellas.

a. $f(x) = \dfrac{2}{x-2}$

   I. $\lim\limits_{x \to 2^+} f(x) =$ $\lim\limits_{x \to 2^-} f(x) =$

   II. $\lim\limits_{x \to +\infty} f(x) =$ $\lim\limits_{x \to -\infty} f(x) =$

   III. $\lim\limits_{x \to 0} f(x) =$ $\lim\limits_{x \to 4} f(x) =$

b. $g(x) = \dfrac{x^2+4}{x^2-1}$

   I. $\lim\limits_{x \to +\infty} g(x) =$ $\lim\limits_{x \to -\infty} g(x) =$

   II. $\lim\limits_{x \to 1^+} g(x) =$ $\lim\limits_{x \to 1^-} g(x) =$

   III. $\lim\limits_{x \to -1^+} g(x) =$ $\lim\limits_{x \to -1^-} g(x) =$

c. $h(x) = x^3 + 2x^2 - 1$

   I. $\lim\limits_{x \to +\infty} h(x) =$ $\lim\limits_{x \to -\infty} h(x) =$

   II. $\lim\limits_{x \to 0^+} h(x) =$ $\lim\limits_{x \to 0^-} h(x) =$

d. $m(x) = -x^2 + 4$

   I. $\lim\limits_{x \to +\infty} h(x) =$ $\lim\limits_{x \to -\infty} h(x) =$

   II. $\lim\limits_{x \to 2^+} h(x) =$ $\lim\limits_{x \to 2^-} h(x) =$

Límites

Es importante trabajar con el concepto de límites, porque no siempre trabajar en matemática significa realizar cálculos. Muchas veces es necesario hacer especulaciones con respecto al comportamiento de una función y justificar las afirmaciones realizadas, lo cual no se reduce a cuentas, sino a razonamientos lógicos.

Problema 1

a. La función f(x) es una función racional. Para hallar el dominio, debemos tener en cuenta que la división no puede realizarse si el denominador es cero.

Entonces, $x + 2 \neq 0$. Luego, $x \neq -2$. Por lo tanto, Dom f = **R** - {-2}

b. Miremos la siguiente tabla completa:

x	-2,01	-2,0001	-2,00001	-1,99	-1,999	-1,9999
f(x)	-4,01	-4,0001	-4,00002	-3,99	-3,999	-3,9999

c. Observamos que a medida que **x** toma valores más próximos a -2, f(x) toma cada vez más cercanos a -4. Esto se escribe matemáticamente de la siguiente manera:

$\lim_{x \to -2} f(x) = -4$ y se lee el límite de f(x), cuando **x** tiende a -2, es -4

d. Para graficar f(x), analicemos su expresión: $f(x) = \dfrac{x^2 - 4}{x + 2} = \dfrac{(x-2)(x+2)}{x+2} = x - 2$, $x \neq -2$

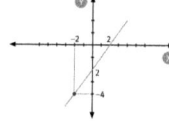

Si consideramos la función g(x) = x - 2, f(x) y g(x) solamente difieren en x = -2, pues f(-2) no existe y g(-2) = -4. Observemos que en la simplificación, si no consideráramos que x = -2, estaríamos diciendo que f(-2) = -4, y eso no es cierto. El gráfico de f(x) es, entonces, como el gráfico de g(x) excepto en x = -2, donde, para señalar la diferencia, utilizamos un "círculo vacío". Observemos en el gráfico de f(x) que, a medida que **x** toma valores próximos a -2, f(x) toma valores cada vez más próximos a -4. Sin embargo, el punto (-2, -4) no pertenece a la gráfica, debido a que -2 no pertenece al dominio de f(x).

lim f(x) = L: el límite cuando x tiende a x_0 de f(x) es L, o el límite de f(x), cuando x tiende a x_0, es L.
$x \to$

Límite de una función en un punto

Llamamos límite de una función $f(x)$ cuando x tiende a un valor x_0, al valor L, al que se acerca $f(x)$ cuando x toma valores cada vez más cercanos a x_0.
Simbólicamente, se escribe: $\lim_{x \to x_0} f(x) = L$.

Continuemos analizando el gráfico de $f(x)$.
Tomemos un intervalo abierto cualquiera en el eje y alrededor de −4. A este intervalo se lo llama **entorno** de −4 y, como puede tomarse simétrico respecto de −4, dicho intervalo puede ser $(−4 − \varepsilon; −4 + \varepsilon)$, donde ε es un número real positivo.

Como vemos en el gráfico, en el eje x existe un entorno de −2, que también puede tomarse simétrico respecto de −2; por ejemplo $(−2 − \delta; −2 + \delta)$, donde δ es un número real positivo, que verifica que para cualquier x en este entorno de −2, salvo quizás para −2, sus imágenes se encuentran en el entorno de −4.

Notemos, además, que por más pequeño que sea ε, siempre será posible encontrar un δ que verifique la condición que enunciamos en el párrafo anterior.

Conclusión
Decir que $\lim_{x \to x_0} f(x) = L$ equivale a decir que:
$\forall \varepsilon > 0, \ \exists \ \delta > 0 / \text{si } x \in (x_0 − \delta; x0 + \delta) \text{ con } x \neq x_0 \Rightarrow f(x) \in (L − \varepsilon; L + \varepsilon)$.

Observemos que la función $f(x)$ no existe en x = −2 y, sin embargo, sí existe el límite de $f(x)$ cuando x tiende a −2. En otras palabras, hablar del límite en x_0 no significa calcular la imagen de la función en x_0, sino averiguar qué sucede con las imágenes cuando x toma valores cada vez más cercanos a x_0.

Cuando queremos indicar que x toma valores cada vez más cercanos a x_0, decimos que x tiende a x_0 y escribimos $x \to x_0$. Cuando queremos indicar que $f(x)$ toma valores cada vez más cercanos a L, decimos que $f(x)$ tiende a L y escribimos $f(x) \to L$.

El estudio del límite de una función es uno de los primeros temas incluidos en esa rama de la Matemática llamada **cálculo**. Ella abarca el cálcul infinitesimal, el diferencial y el integral. La palabra **cálculo** significa **piedra pequeña**, porque los romanos utilizaban piedritas para hacer sus cuentas. La palabra **infinitesimal** se utiliza debido a que el estudio del límite se refiere al cálculo de lo infinitamente pequeño, llamado también **infinitésimo**.

Problema II

a. Al observar el gráfico, vemos que f(x) está definida para todos los valores de **x**, excepto para x = 2. Por lo tanto, Dom f = ℝ − {2}

b. Notemos, analizando el gráfico, que si **x** tiende a 0, entonces, f(x) tiende a 2, con lo cual:
$$\lim_{x \to 0} f(x) = 2$$

Miremos nuevamente el gráfico y analicemos el límite de f(x) cuando **x** tiende a 2. Deducimos que f(x) → −3 cuando x → 2; por lo tanto, $\lim_{x \to 2} f(x) = -3$

Analicemos ahora qué ocurre con la función cerca de x = 8. Si tomamos valores de **x** próximos a 8, pero todos ellos menores que 8, observamos que f(x) tiende a 1. En cambio, si los valores cercanos a 8 son todos mayores que 8, f(x) tiende a 4. La pregunta que nos hacemos es, entonces, ¿cuál es el límite de f(x) cuando **x** tiende a 8, 1 ó 4? Para decidirlo, utilicemos la definición de límite. Si en el eje y tomamos un entorno de 1 con, por ejemplo, ε =1/2, vemos que no es posible encontrar un entorno de 8 de tal manera que para cualquier **x** de este entorno, sus imágenes estén en el entorno de 1. Entonces, 1 no es el límite.

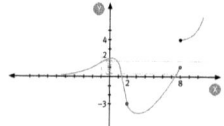

De la misma manera, si tomamos en el eje y un entorno de 4 con ε = $\frac{1}{2}$, tampoco es posible encontrar un entorno de 8 que verifique la definición de límite. Por lo tanto, 4 no es el límite.

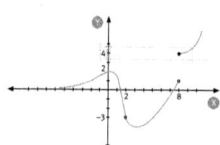

En consecuencia, no existe el límite de f(x) cuando **x** tiende a 8. Sin embargo, si solo tomamos valores de **x** menores que 8 y muy cercanos a él, el límite (por la izquierda) es 1, y si solo tomamos valores de **x** mayores que 8 y muy cercanos a él, el límite (por la derecha) 4. A estos límites se los llama **límites laterales**. Se escriben simbólicamente: $\lim_{x \to 8^-} f(x) = 1$ y $\lim_{x \to 8^+} f(x) = 4$

Límites laterales

Decimos que f(x) tiende a P cuando x tiende a x_0 por la izquierda si, a medida que x toma valores cada vez más cercanos a x_0, pero menores a él ($x < x_0$), entonces, f(x) toma valores cada vez más próximos a P. Simbólicamente, escribimos:

$$\lim_{x \to x_0^-} f(x) = P$$

Decimos que f(x) tiende a S cuando x tiende a x_0 por la derecha si, a medida que x toma valores cada vez más cercanos a x_0, pero mayores a él ($x > x_0$), entonces, f(x) toma valores cada vez más próximos a S. Simbólicamente, escribimos:

$$\lim_{x \to x_0^+} f(x) = S$$

Los límites anteriores se llaman límites laterales por izquierda y por derecha, respectivamente.

Los límites laterales no siempre coinciden. En el problema II, los límites, cuando x tiende a 8 por izquierda y por derecha, no coinciden; entonces, el límite, cuando **x** tiende a 8, no existe. Sin embargo, los límites laterales sí coinciden, y son iguales al límite, cuando **x** tiende a 0 o cuando **x** tiende a 2. En el primer caso, los límites laterales valen 2, y en el segundo caso, valen −3. Es importante destacar que el hecho de que los límites laterales cuando **x** tiende a x_0 coincidan no significa que x_0 pertenezca al dominio de la función.

Conclusión

Decimos que una función f(x) tiene límite cuando x tiende a x_0 si y solo si los límites por izquierda y derecha en x_0 coinciden. Simbólicamente escribimos:

$$\lim_{x \to x_0^-} f(x) = \lim_{x \to x_0^+} f(x) = L \iff \lim_{x \to x_0} f(x) = L$$

Problema III

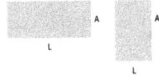

Sabemos que las planchas son todas rectangulares y tienen 1 cm² de superficie, con lo cual: L . A = 1; entonces, $L = \dfrac{1}{A}$

a. Si A mide 10 cm, la otra medida será de 0,1 cm.

b. Si A es de 2 cm, L mide 0,5 cm.

c. Completemos la siguiente tabla:

A (en cm)	1	0,01	0,0001	0,00000001
L (en cm)	1	100	100.000	100.000.000

d. Notemos que, a medida que A tiende a 0 por la derecha (dado que A > 0), la cuenta que permite calcular L, $L = \frac{1}{A}$, da por resultado un número cada vez mayor. En otras palabras, cuando A tiende a cero por la derecha, $\frac{1}{A}$ es cada vez más grande y, entonces, decimos que tiende a infinito. Esto se escribe simbólicamente: $\lim\limits_{A \to 0} \frac{1}{A} = \infty$

Analicémoslo gráficamente:

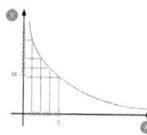

Cuando tomamos en el eje **y** cualquier valor M > 0, podemos encontrar un entorno de 0, por la derecha, de tal manera que para todos los A en este entorno, la imagen de A, $\frac{1}{A}$, es mayor que M. Esto sucede para cualquier valor que elijamos de M, por más grande que sea. Si en lugar de tomar una función solo definida para valores positivos tomamos la función $f(x) = \frac{1}{x}$ con dominio $\mathbb{R} - \{0\}$, al considerar en el eje **y** cualquier valor M > 0 podemos encontrar un entorno de 0 en el eje **x** tal que |f(x)| > M

Límite infinito

Decimos que una función f(x) tiende a infinito cuando x tiende a x_0, si a medida que x toma valores cada vez más próximos a x_0, |f(x)| toma valores cada vez más grandes.
En este caso, escribimos: $\lim\limits_{x \to x_0} f(x) = \infty$
Simbólicamente, estamos diciendo que: M > 0, a δ > 0/ si x ∈ (x₀ − δ; x₀ + δ) ⟹ |f(x)| > M

e. Completemos la siguiente tabla:

A (en cm)	100	1.000	100.000	100.000.000
L (en cm)	0,01	0,001	0,00001	0,00000001

f. Observemos en la tabla que, a medida que A toma valores cada vez mayores (tiende a más infinito), entonces, L tiende a 0. Esto se escribe simbólicamente: $\lim\limits_{A \to \infty} 1/A = 0$

Analicémoslo gráficamente:

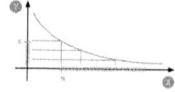

Al tomar en el eje **y** un entorno cualquiera de 0, podemos encontrar en el eje **x** un N lo suficientemente grande para que las imágenes de todos los **x** mayores que N se encuentren en el entorno elegido de 0.

Decimos que una función f(x) tiende a un número L cuando x tiende a infinito si, a medida que |x| toma valores cada vez más grandes, f(x) tiende a L. En este caso escribimos:

$$\lim_{x \to \infty} f(x) = L$$

Simbólicamente, estamos diciendo que $\forall \varepsilon > 0, \exists N > 0 / \text{ si } |x| > N \Rightarrow f(x) \in (L - \varepsilon; L + \varepsilon)$

Notemos que en algunos casos hablamos de infinito y no distinguimos entre más y menos infinito. Cuando ponemos ∞ (sin signo), estamos suponiendo que puede ser +∞ o −∞. Si en algún caso debe distinguirse, le colocaremos el signo correspondiente.

Problema IV

En estos casos, observamos que no es lo mismo que **x** tienda a −∞ o a +∞. Al analizar los gráficos de f(x) y de g(x), obtenemos:

a. $\lim_{x \to -\infty} f(x) = +\infty$

b. $\lim_{x \to +\infty} f(x) = 0$

c. $\lim_{x \to -\infty} g(x) = 0$

d. $\lim_{x \to +\infty} g(x) = +\infty$

Analicemos los límites de los ítems **a.** y **d.**, ya que estos casos no fueron estudiados hasta este momento. Para el límite del ítem **a.**, en el gráfico podemos observar lo siguiente:

Si tomamos en el eje **y** cualquier valor M > 0, podemos encontrar un N > 0 de tal manera que para cualquier **x** menor que −N, su imagen será mayor que M.

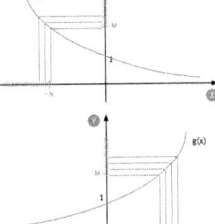

Para el límite del ítem **d.**, en el gráfico podemos ver lo siguiente:
Si tomamos en el eje **y** cualquier valor M > 0, podemos encontrar un N > 0 de tal manera que para cualquier **x** que sea mayor que N, su imagen será mayor que M.

- Decimos que una función f(x) tiende a infinito cuando x tiende a más infinito, y escribimos $\lim_{x \to +\infty} f(x) = \infty$, si a medida que x toma valores cada vez más grandes, |f(x)| toma valores cada vez más grandes.
  Simbólicamente: ∀ M > 0, ∃ N > 0/ si x > N ⇒ |f(x)| > M
- Decimos que una función f(x) tiende a infinito cuando x tiende a menos infinito, y escribimos $\lim_{x \to -\infty} f(x) = \infty$, si a medida que x toma valores negativos cada vez más chicos, |f(x)| toma valores cada vez más grandes.
  Simbólicamente: ∀ M > 0, ∃ N > 0/ si x < −N ⇒ |f(x)| > M
- Decimos que una función f(x) tiende a infinito cuando x tiende a infinito, y escribimos $\lim_{x \to \infty} f(x) = \infty$, si a medida que |x| toma valores cada vez más grandes, |f(x)| toma valores cada vez más grandes. Simbólicamente: ∀ M > 0, ∃ N > 0/ si |x| > N ⇒ |f(x)| > M

Problema V

Como las sucesiones son funciones cuyo dominio son los números naturales con el cero, podemos considerar al estudio de sus límites como un caso particular de todo lo trabajado con anterioridad. En el caso de la sucesión a_n, cuando n tiende a más infinito, 3n tiende a más infinito y 3n + 1 también tiende a más infinito, o sea, $\lim_{n \to +\infty} a_n = +\infty$

La sucesión $b_n = \left(\dfrac{1}{2}\right)^n$ es una función exponencial con base mayor que 0 y menor que 1.

Su gráfico es el siguiente:

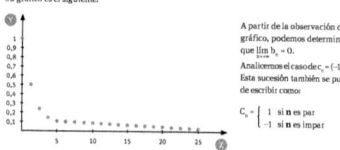

A partir de la observación del gráfico, podemos determinar que $\lim_{n \to \infty} b_n = 0$.

Analicemos el caso de $c_n = (-1)^n$. Esta sucesión también se puede escribir como:

$$c_n = \begin{cases} 1 & \text{si } n \text{ es par} \\ -1 & \text{si } n \text{ es impar} \end{cases}$$

Su gráfico es el siguiente:

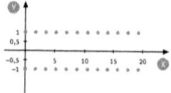

Si tomamos a 1 como límite y consideramos un entorno de 1 con, por ejemplo, $\varepsilon = \dfrac{1}{2}$, no podemos encontrar en el eje **x** un N > 0 de tal manera que si n es mayor que N, c_n esté en el entorno de 1. Lo mismo ocurre si tomamos a −1 como límite. Por lo tanto, no existe el límite de c_n cuando n tiende a más infinito.

Límite de sucesiones

Decimos que una sucesión **converge** a L ∈ ℝ si: $\lim_{n \to \infty} a_n = L$

Una **sucesión diverge** si: $\lim_{n \to \infty} a_n = \infty$

Una **sucesión oscila** si no existe el límite cuando n tiende a más infinito.

Teorema (del sándwich)

Si f(x), g(x) y h(x) son tres funciones tales que g(x) ≤ f(x) ≤ h(x) para todos los x en un entorno alrededor de x_0, y si además se verifica que $\lim_{x \to x_0} g(x) = \lim_{x \to x_0} h(x) = L$
entonces, $\lim_{x \to x_0} f(x) = L$

Este teorema también es válido cuando x tiende a ∞.

Álgebra de límites

a. Si $\lim_{x \to x_0} f(x)$ y $\lim_{x \to x_0} g(x)$ son números reales, entonces:

- **El límite de la suma de f(x) y g(x) es igual a la suma de los límites de f(x) y de g(x).** O sea:
$$\lim_{x \to x_0} [f(x) + g(x)] = \lim_{x \to x_0} f(x) + \lim_{x \to x_0} g(x)$$

Decir que $\lim_{x \to x_0} f(x) = \mathbf{R}$ significa que a medida que **x** toma valores cada vez más próximos a x_0, las imágenes por f(x) resultan valores cada vez más cercanos a R.

Si $\lim_{x \to x_0} g(x) = Q$, entonces a medida que **x** toma valores cada vez más próximos a x_0, g(x) toma valores cada vez más cercanos a Q. Por lo tanto, si **x** toma valores cada vez más próximos a x_0, entonces: f(x) + g(x) toma valores cada vez más cercanos a R + Q

O sea: $\lim_{x \to x_0} [f(x) + g(x)] = R + Q = \lim_{x \to x_0} f(x) + \lim_{x \to x_0} g(x)$

De igual manera se puede analizar el límite de las demás operaciones.

- **El límite de la resta de f(x) y g(x) es igual a la resta de los límites de f(x) y de g(x).** Es decir:
$$\lim_{x \to x_0} [f(x) - g(x)] = \lim_{x \to x_0} f(x) - \lim_{x \to x_0} g(x)$$

- **El límite del producto de f(x) y g(x) es igual al producto de los límites de f(x) y de g(x).** O sea:
$$\lim_{x \to x_0} [f(x) \cdot g(x)] = [\lim_{x \to x_0} f(x)] \cdot [\lim_{x \to x_0} g(x)]$$

- **El límite del cociente de f(x) y g(x) es igual al cociente de los límites de f(x) y de g(x), siempre que el límite del denominador sea distinto de cero.** Es decir:

$$\lim_{x \to x_0} \frac{f(x)}{g(x)} = \frac{\lim_{x \to x_0} f(x)}{\lim_{x \to x_0} g(x)} \text{ si } \lim_{x \to x_0} g(x) \neq 0$$

- Si la función $g(x) = [f(x)^n]$, con $n \in \mathbb{R}$, está definida en un entorno alrededor de x_0, entonces:

$$\text{si } \lim_{x \to x_0} f(x) \neq 0 \implies \lim_{x \to x_0}[f(x)]^n = [\lim_{x \to x_0} f(x)]^n$$

$$\text{si } \lim_{x \to x_0} f(x) = 0 \text{ y } n \neq 0 \implies \lim_{x \to x_0}[f(x)]^n = [\lim_{x \to x_0} f(x)]^n$$

- Si $\lim_{x \to x_0} f(x) \neq 0$ o $\lim_{x \to x_0} g(x) \neq 0 \implies \lim_{x \to x_0}[f(x)]^{g(x)} = [\lim_{x \to x_0} f(x)]^{\lim_{x \to x_0} g(x)}$

b. Si $\lim_{x \to x_0} f(x) = \infty$ y $\lim_{x \to x_0} g(x) = Q$, con $Q \in \mathbb{R}$, entonces:

- $\lim_{x \to x_0}[f(x) + g(x)] = \infty$

Si $\lim_{x \to x_0} f(x) = +\infty$, entonces, cuando x toma valores cada vez más cercanos a x_0, $f(x)$ toma valores cada vez más grandes. Además, $\lim_{x \to x_0} g(x) = Q$, entonces, $g(x)$ se acerca cada vez más a Q cuando x tiende a x_0.

Luego, cuando x tiende a x_0, $f(x) + g(x)$ tiende a la suma entre un número cada vez más grande y un número cada vez más cercano a Q, lo cual da por resultado un número cada vez más grande. Es decir $\lim_{x \to x_0}[f(x) + g(x)] = +\infty$ (1)

Si $\lim_{x \to x_0} f(x) = -\infty$, entonces, cuando x tiende a x_0, $f(x)$ toma valores negativos cada vez más chicos, y al sumarle un número cada vez más cercano a Q, el resultado es un número negativo y cada vez más chico. O sea: $\lim_{x \to x_0}[f(x) + g(x)] = -\infty$ (2)

Por lo tanto, de (1) y (2) deducimos que cuando x tiende a x_0, $f(x) + g(x)$ es un número cada vez mayor en módulo, o sea:

$$\lim_{x \to x_0}[f(x) + g(x)] = \infty$$

- $\lim_{x \to x_0}[f(x) - g(x)] = \infty$

Esta propiedad se puede razonar de la misma manera que en el caso anterior.

- **Si $\lim_{x \to x_0} g(x) \neq 0$, entonces, $\lim_{x \to x_0}[f(x) \cdot g(x)] = \infty$**

Si $\lim_{x \to x_0} f(x) = +\infty$, al multiplicar un número que es cada vez más grande por un número cada vez más cercano a Q, el resultado será cada vez mayor en módulo, con lo cual: $\lim_{x \to x_0}[f(x) \cdot g(x)] = \infty$

Si $\lim_{x \to x_0} f(x) = -\infty$, al multiplicar un número negativo cada vez más chico por un número cada vez más cercano a Q, el resultado será cada vez mayor en módulo.

El signo que corresponde al resultado del límite cumple la regla de los signos respecto de los signos de los límites de $f(x)$ y de $g(x)$

- $\lim_{x \to x_0} \dfrac{f(x)}{g(x)} = \infty$

Si $\lim_{x \to x_0} g(x) \neq 0$, entonces, como $\dfrac{f(x)}{g(x)} = f(x) \cdot \dfrac{1}{g(x)}$ y $\lim_{x \to x_0} \dfrac{1}{g(x)} = \dfrac{1}{Q}$

por la propiedad anterior deducimos que:

$$\lim_{x \to x_0} \frac{f(x)}{g(x)} = \lim_{x \to x_0}\left[f(x) \cdot \frac{1}{g(x)}\right] = \infty. \text{ Si } \lim_{x \to x_0} g(x) = 0, \text{ entonces, } \frac{f(x)}{g(x)} = f(x) \cdot \frac{1}{g(x)}; \text{ corresponde a la}$$

multiplicación de dos números que son cada vez mayores en módulo, con lo cual: $\lim_{x \to x_0} \frac{f(x)}{g(x)} = \infty$

c. Si $\lim_{x \to x_0} f(x) = +\infty$, entonces: para $n \in \mathbb{R}^+$ es $\lim_{x \to x_0} [f(x)]^n = +\infty$ y para $n \in \mathbb{R}^-$ es $\lim_{x \to x_0} [f(x)]^n = 0$

d. Si $\lim_{x \to x_0} f(x) = R$, con $R \in \mathbb{R}$, y $(a_n)_{n \in \mathbb{N}}$ es una sucesión cualquiera tal que $\lim_{n \to \infty} a_n = x_0$, entonces, $\lim_{n \to \infty} f(a_n) = R$

Para demostrar esta propiedad, se requiere un análisis más exhaustivo de la definición de "límite", que excede lo necesario para este curso.

Observemos que en todas las propiedades del álgebra de límites, si **x**, en lugar de tender a x_0, tiende a infinito, el razonamiento es análogo al que hemos realizado. Por lo tanto:

Todas las propiedades del álgebra de límites son válidas aun si x tiende a infinito.

Problema VI

a. Analicemos el gráfico de la función $f(x) = \operatorname{sen} x$

La función toma los valores que van desde –1 a 1 infinitas veces. Supongamos que $\lim_{x \to \infty} f(x) = R$, con $R \in \mathbb{R}$; entonces, por la propiedad **d.** del álgebra de límites, es $\lim_{x \to \infty} f(a_n) = R$ para toda sucesión $(a_n)_{n \in \mathbb{N}}$ que verifique $\lim_{n \to \infty} a_n = \infty$

Consideremos, por ejemplo, las sucesiones $b_n = 2n\pi$ y $c_n = (4n+1) \cdot \frac{\pi}{2}$. Ambas sucesiones tienden a infinito cuando **n** tiende a más infinito. Con lo cual debería ser:

$\lim_{n \to \infty} f(b_n) = R$ y $\lim_{n \to \infty} f(c_n) = R$

Pero $f(b_n) = \operatorname{sen}(2n\pi) = 0$ y $f(c_n) = \operatorname{sen}\left[(4n+1)\frac{\pi}{2}\right] = 1$. Entonces, $\lim_{n \to \infty} f(b_n) = 0$ y $\lim_{n \to \infty} f(c_n) = 1$, con lo cual debería ser $R = 1$ y $R = 0$, y esto es absurdo.

Por lo tanto, no se cumple la propiedad **d.** del álgebra de límites. Esto quiere decir que no existe el límite de sen **x** cuando **x** tiende a infinito.

Conclusión
Las funciones periódicas (no constantes) no tienen límite cuando x tiende a infinito.

b. Observemos la gráfica de la función $f(x) = \frac{1}{x} \operatorname{sen} x$:

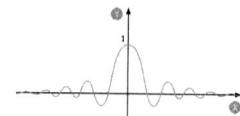

A medida que **x** tiende a infinito, f(x) tiende a cero. Pero ¿cómo podemos deducir esto de la fórmula de la función? Si **x** tiende a infinito, $\frac{1}{x}$ tiende a 0. Además, las imágenes de la función sen x son los valores entre −1 y 1. Luego, si a esos valores los multiplicamos por un valor cada vez más cercano a cero, el resultado se aproximará cada vez más a cero. Es decir: $\lim_{x \to \infty} \frac{1}{x} \operatorname{sen} x = 0$

Conclusión
Si $\lim_{x \to \infty} f(x) = 0$ y el conjunto imagen de g(x) está incluido en el intervalo (a, b), entonces,

$$\lim_{x \to \infty} [f(x) \cdot g(x)] = 0$$

Si P(x) es un polinomio, entonces, $P(x) = a_n x^n + a_{n-1} x^{n-1} + ... + a_1 x + a_0$.
Luego $\lim_{x \to x_0} P(x) = \lim_{x \to x_0} (a_n x^n + a_{n-1} x^{n-1} + ... + a_1 x + a_0) = \lim_{x \to x_0} a_n x^n + \lim_{x \to x_0} a_{n-1} x^{n-1} + ... + \lim_{x \to x_0} a_1 x + \lim_{x \to x_0} a_0 =$
$= a_n x_0^n + a_{n-1} x_0^{n-1} + ... + a_1 x_0 + a_0 = P(x_0)$

Por lo tanto, $\lim_{x \to x_0} P(x) = P(x_0)$

De igual manera podemos demostrar que si P(x) y Q(x) son dos polinomios, entonces:

$$\lim_{x \to x_0} \frac{P(x)}{Q(x)} = \frac{P(x_0)}{Q(x_0)} \text{, si } Q(x_0) \neq 0$$

1. Observen el gráfico de f(x). Si es posible, completen en los lugares indicados; si no es posible, expliquen por qué.

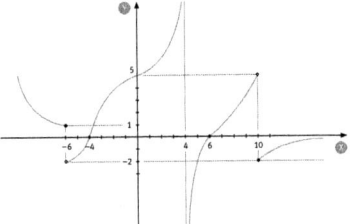

a. f(–6) = ____　lím f(x) = ____　lím f(x) = ____　lím f(x) = ____
　　　　　　　　x→–6⁻　　　　x→–6⁺　　　　x→–6

b. f(0) = ____　lím f(x) = ____　lím f(x) = ____　lím f(x) = ____
　　　　　　　　x→0⁻　　　　x→0⁺　　　　x→0

c. f(4) = ____　lím f(x) = ____　lím f(x) = ____　lím f(x) = ____
　　　　　　　　x→4⁻　　　　x→4⁺　　　　x→4

d. f(6) = ____　lím f(x) = ____　lím f(x) = ____　lím f(x) = ____
　　　　　　　　x→6⁻　　　　x→6⁺　　　　x→6

e. f(10) = ____　lím f(x) = ____　lím f(x) = ____　lím f(x) = ____
　　　　　　　　x→10⁻　　　　x→10⁺　　　　x→10

2. Grafiquen, en la carpeta, dos funciones distintas que verifiquen que:
$$\lim_{x \to 2^-} f(x) \neq \lim_{x \to 2^+} f(x),\ 2 \in \text{Dom } f \ \text{y } f(2) = \lim_{x \to 2^+} f(x)$$

3. Dibujen, en la carpeta, el gráfico de una función f(x) que cumpla:
$$\lim_{x \to 2^-} f(x) = +\infty,\ \lim_{x \to 2^+} f(x) = 3 \ \text{y } f(2) = 5$$

4. Sabiendo que $\lim\limits_{x \to \infty} f(x) = m$, $\lim\limits_{x \to \infty} g(x) = n$ y $\lim\limits_{x \to \infty} h(x) = p$, donde **m**, **n** y **p** son números naturales distintos de cero, determinen los siguientes límites, justificando los pasos realizados:

a. $\lim\limits_{x \to \infty} \dfrac{g(x)}{h(x)} =$

b. $\lim\limits_{x \to \infty} \dfrac{f(x)}{\sqrt[3]{g(x)}} =$

c. $\lim\limits_{x \to \infty} [5f(x) + 4g(x) - 2h(x)] =$

5. Indiquen si son verdaderas o falsas las siguientes afirmaciones. Para las que sean verdaderas, analicen por qué, y para las que sean falsas, den un ejemplo donde no se cumpla la afirmación.

a. Si $\lim\limits_{x \to x_0} [f(x) + g(x)]$ es un número real, entonces, $\lim\limits_{x \to x_0} f(x)$ y $\lim\limits_{x \to x_0} g(x)$ son números reales.

b. Si $\lim\limits_{x \to x_0} [f(x) + g(x)]$ y $\lim\limits_{x \to x_0} f(x)$ son números reales, entonces, $\lim\limits_{x \to x_0} g(x)$ es un número real.

c. Si $\lim\limits_{x \to x_0} [f(x) \cdot g(x)]$ y $\lim\limits_{x \to x_0} f(x)$ son números reales, entonces, $\lim\limits_{x \to x_0} g(x)$ es un número real.

d. Si $\lim\limits_{x \to x_0} [f(x) \cdot g(x)]$ es un número real y $\lim\limits_{x \to x_0} f(x) \neq 0$, entonces, $\lim\limits_{x \to x_0} g(x)$ es un número real.

6. Determinen cuáles de las siguientes sucesiones convergen y cuáles no. Justifiquen sus respuestas.

a. $a_n = \dfrac{1}{2^n}$

b. $b_n = 3n^2 + 1$

c. $c_n = (-1)^{2n}$

d. $d_n = \dfrac{1}{n^2}$

Cálculo de límites

Muchas veces el cálculo de los límites de las distintas funciones se facilita si se conocen las diferentes estrategias algebraicas que existen para realizar este cálculo. A partir de estas estrategias, se pueden calcular límites sin necesidad de confeccionar tablas ni de realizar gráficos.

Cálculo de límites

Problema I

Calculen los siguientes límites:

a. $\lim_{x \to 0} \frac{1}{x-1} =$

b. $\lim_{x \to 1} \frac{1}{x-1} =$

c. $\lim_{x \to 1} \frac{5x+3}{x-1} =$

d. $\lim_{x \to 1} \frac{5x+3}{x-1} =$

1. **Hallen los límites indicados:**

a. $\lim_{x \to 0} (3x - 2)^2 =$

b. $\lim_{x \to 3} \frac{5}{2x-6} =$

c. $\lim_{x \to 9} \frac{5x+8}{x^2-81} =$

d. $\lim_{x \to \infty} \frac{6x+9}{7x+3} =$

Problema II

Hallen los siguientes límites:

a. $\lim_{x \to 1} \frac{1}{x-1} =$

b. $\lim_{x \to 1} \frac{0.5x + 3}{x-1} =$

2. **Obtengan el valor de los siguientes límites:**

a. $\lim_{x \to \infty} \frac{5}{x^2 + 3} =$

b. $\lim_{x \to \infty} \frac{1}{\sqrt{x}} =$

c. $\lim_{x \to \infty} \frac{-3}{\sqrt{x^2 + 9}} =$

d. $\lim_{x \to \infty} x^2 + 9x + 3 =$

e. $\lim_{x \to \infty} \frac{1}{x^2} =$

f. $\lim_{x \to \infty} \sqrt{x} =$

3. Calculen estos límites:

a. $\lim_{x \to \infty} \dfrac{\frac{1}{x} + 2}{x^2 + 3} =$ _____

b. $\lim_{x \to \infty} \dfrac{5}{x^3 + x + 3} =$ _____

c. $\lim_{x \to \infty} \dfrac{\left(\frac{1}{10}\right)^{-x}}{x^2 + 3} =$ _____

Problema III

Calculen los siguientes límites. En todos los casos, a es un número real positivo distinto de 1.

a. $\lim_{x \to \infty} a^x =$

b. $\lim_{x \to -\infty} a^x =$

c. $\lim_{x \to \infty} \log_a x =$

d. $\lim_{x \to 0} \log_a x =$

4. Resuelvan los límites indicados:

a. $\lim_{x \to \infty} 5^x + 2 =$ _____

e. $\lim_{x \to \infty} \left(\frac{1}{2}\right)^x + 4 =$ _____

b. $\lim_{x \to -\infty} 5^x + 2 =$ _____

f. $\lim_{x \to \infty} \dfrac{4^x + 9}{x^2 + 1} =$ _____

c. $\lim_{x \to \infty} 2^{-x} - 3 =$ _____

g. $\lim_{x \to \infty} 6^{\frac{1}{x}} =$ _____

d. $\lim_{x \to -\infty} 2^{-x} - 3 =$ _____

5. Hallen estos límites:

a. $\lim_{x \to 0^+} \left(\frac{3}{4}\right)^{\frac{1}{x}} =$ _____

d. $\lim_{x \to 0^-} \left(\frac{3}{4}\right)^{\frac{1}{x}} =$ _____

b. $\lim_{x \to 0^+} \left(\frac{5}{4}\right)^{\frac{1}{x}} =$ _____

e. $\lim_{x \to 0^-} \left(\frac{5}{4}\right)^{\frac{1}{x}} =$ _____

c. $\lim_{x \to 0^+} 6^{\frac{1}{x}} =$ _____

f. $\lim_{x \to 0^-} 6^{\frac{1}{x}} =$ _____

Problema IV

Hallen los siguientes límites:

a. $\lim \dfrac{x^3 - 1}{x - 1} =$

b. $\lim \dfrac{x^3 - 5x + 6}{3x^3 - 5x^2 - x - 2} =$

c. $\lim \dfrac{\sqrt{x} - \sqrt{x} - 1}{x^2 - 2} =$

6. Calculen, si existen, los siguientes límites. Para aquellos que no existan, justifiquen por qué.

a. $\lim_{x \to 3^+} \log_2 (x - 3) =$ ....

e. $\lim_{x \to \frac{1}{4}^+} \log_3 (4x - 1) =$ ....

b. $\lim_{x \to 3^-} \log_2 (x - 3) =$ ....

f. $\lim_{x \to 5} \log_2 (5 - x) =$ ....

c. $\lim_{x \to -\infty} \ln(2x + 8) =$ ....

g. $\lim_{x \to +\infty} \log\left(\dfrac{1}{x}\right) =$ ....

d. $\lim_{x \to +\infty} \log_3 (x^2 - 4) =$ ....

h. $\lim_{x \to +\infty} \log_3 (x - 3) =$ ....

7. Indiquen cuáles de los siguientes límites están, en principio, indeterminados y expliquen por qué.

a. $\lim_{x \to 5} \dfrac{x - 5}{x^2 - 25} =$ ....

c. $\lim_{x \to 4} \dfrac{\sqrt{x} - 2 - \sqrt{2}}{x^2 - 16} =$ ....

b. $\lim_{x \to 5} \dfrac{x - 5}{x^2 + 25} =$ ....

d. $\lim_{x \to 4} \dfrac{\sqrt{x} - 2 - \sqrt{2}}{x^2 - 16} =$ ....

8. Calculen estos límites:

a. $\lim_{x \to 5} \dfrac{x^3 + 5x^2 + 3x - 15}{x^2 + 3x - 60} =$

b. $\lim_{x \to 4} \dfrac{2x^2 + 10x - 48}{3x^2 + 9x - 120} =$

c. $\lim_{h \to 0} \dfrac{(x + h)^3 - x^3}{h} =$

9. Si tienen que resolver el límite de una función racional donde el numerador y el denominador tienden a cero, ¿es siempre posible factorear numerador y denominador, y simplificar? ¿Por qué?

....

....

Problema V

Calculen los límites:

a. $\lim \dfrac{3x^2 + 5x + 6}{5x^2 + 3x + 14} =$

b. $\lim \dfrac{7x^2 + 3x^2 + 5x + 6}{5x^2 + 3x - 14} =$

c. $\lim \dfrac{3x^2 - 5x + 9}{2x^2 + 5x^3 + 4x + 14} =$

d. $\lim \dfrac{\sqrt{6x^2 + 5}}{x} =$

10. Hallen el valor de los límites indicados:

a. $\lim_{x \to 6} \dfrac{2 - \sqrt{x - 2}}{36 - x^2} =$ _____

b. $\lim_{x \to 1} \dfrac{x^2 + 4x - 5}{\sqrt{x} + 5} =$ _____

c. $\lim_{x \to 1} \dfrac{4x^2 + 12x + 8}{3 - \sqrt{x + 10}}$ _____

d. $\lim_{x \to 10} \dfrac{x - 10}{\sqrt{100 - x^2}} =$ _____

e. $\lim_{x \to 1} \dfrac{\sqrt{x} - 8}{x^2 - 64} =$ _____

11. Resuelvan los siguientes límites:

a. $\lim_{x \to \infty} \dfrac{8x^2 + 5x + 9}{3x^2 + 9x - 2} =$ _____

b. $\lim_{x \to \infty} \dfrac{7}{2x^2 + 9x + 7} =$ _____

c. $\lim_{x \to \infty} \dfrac{6x^7 + 8x^2 + x}{-11x^3 - 2x + 4} =$ _____

d. $\lim_{x \to \infty} \dfrac{24x + 46}{7x - 38} =$ _____

12. Calculen estos límites:

a. $\lim_{x \to \infty} \sqrt{\dfrac{9x^2 - 8x}{7x^3 + 3x - 2}} =$ _____

b. $\lim_{x \to 4} \sqrt{\dfrac{5x + 3}{4x - 2}} =$ _____

c. $\lim_{x \to \infty} \dfrac{\sqrt[3]{7x^4 + 2}}{x^2 - 1} =$ _____

13. ¿Es cierto que $\lim_{x \to \infty} \dfrac{|x| \, f(x)}{x} \ne \lim_{x \to -\infty} \dfrac{|x| \, f(x)}{x}$ para cualquier función f(x)? Justifiquen su respuesta.

_____
_____

Problema VI

Resuelvan los siguientes límites

a. $\lim_{x \to \infty}\left(1 + \frac{1}{x}\right)^x =$

b. $\lim_{x \to 0}(1+x)^{\frac{1}{x}} =$

c. $\lim_{x \to \infty}\left(1 + \frac{1}{x^2}\right)^{x+3} =$

d. Si $\lim_{x \to x_0} f(x) = \infty$, $\lim_{x \to x_0}\left(1 + \frac{1}{f(x)}\right)^{f(x)} =$

14. Resuelvan los límites indicados:

a. $\lim_{x \to \infty}\left(\frac{x+1}{x}\right)^{3x} =$

c. $\lim_{x \to \infty}\left(\frac{1+7x}{2+7x}\right)^{4x-1} =$

b. $\lim_{x \to \infty}\left(\frac{7x+2}{6x-2}\right)^{6x+1} =$

d. $\lim_{x \to 0}(1+3x)^x =$

15. Demuestren que para cualquier número real k distinto de 0 se cumple lo siguiente:

$$\lim_{x \to \infty}\left(1 + \frac{k}{x}\right)^x = e^k$$

Problema VII

Calculen los siguientes límites

a. $\lim_{x \to 0}\frac{\operatorname{sen} x}{x} =$

b. $\lim_{x \to 0}\frac{\operatorname{sen}(5x)}{2x} =$

c. Si $\lim_{x \to x_0} f(x) = 0$, $\lim_{x \to x_0}\frac{\operatorname{sen}[f(x)]}{f(x)} =$

d. $\lim_{x \to 1}\frac{\operatorname{sen}(x^2 - 1)}{x - 1} =$

16. Hallen el valor de los siguientes límites:

a. $\lim_{x \to 0}\frac{\operatorname{tg} x}{x} =$

c. $\lim_{x \to 1}\frac{\operatorname{sen}(x-1)}{x^2 - 1} =$

b. $\lim_{x \to 0}\frac{\operatorname{sen}(5x)}{4x} =$

d. $\lim_{x \to 3}\frac{x-3}{\operatorname{sen}(x^2 - x - 6)} =$

Cálculo de límites

Les proponemos trabajar en Internet. Los invitamos a ingresar en la siguiente página: http://www.portalplanetasedna.com.ar/calculo_matematica.htm, la cual nos permite realizar diversos cálculos matemáticos *on-line*.

En este caso, vamos a trabajar calculando diferentes límites:

Hagan clic en el ícono "Hallar un límite"

Ingresen la función (recuerden colocar los paréntesis cuando sea necesario)

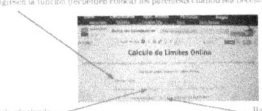

A dónde tiende   Hagan clic en "Calcular"

Si tienen alguna duda de cómo ingresar los datos, hagan clic en "Cómo introducir", por ejemplo, si quieren calcular un límite que tienda a infinito, tienen que poner en "Enfoques"; **inf**; y si tiende a menos infinito, **minf**.

O, si quieren calcular el límite de una raíz cuadrada, tienen que poner **sqrt**, por ejemplo: $\sqrt{x+5}$ = sqrt(x + 5)

Ahora sí, les proponemos calcular los siguientes límites:

a. $\lim\limits_{x\to\infty} \dfrac{2x^3 - 8x^2 + 9x - 8}{8x^3 + 9x^2 - x + 3}$ = _____

b. $\lim\limits_{x\to\infty} \dfrac{-2x^2 + 4 - 2x}{x^3 + 6x^2 + 12x + 8}$ = _____

c. $\lim\limits_{x\to\infty} \dfrac{4 - x^2}{3 - \sqrt{x^2 + 5}}$ = _____

d. $\lim\limits_{x\to 0} \dfrac{\text{tg } x}{x}$ = _____

e. $\lim\limits_{x\to 0} \dfrac{\cos x^2}{x}$ = _____

f. $\lim\limits_{x\to\infty} \dfrac{\cos x + \text{sen } x}{\text{sen } x}$ = _____

Para comenzar...

En el capítulo anterior, nos propusimos entender qué significa calcular el límite de una función en un valor x_0 y en infinito. Nuestra tarea, ahora, es encontrar formas de calcular límites sin necesidad de confeccionar tablas ni realizar gráficos.

Problema I

a. Para calcular el límite pedido, utilizaremos uno de los límites que hemos calculado en el capítulo 5: $\lim\limits_{x \to 0} \dfrac{1}{x} = \infty$

Observemos que en $\dfrac{1}{x-1}$, a medida que x tiende a 1, $x-1$ tiende a cero y, entonces, $\dfrac{1}{x-1}$ es la división entre 1 y un número cada vez más próximo a cero. Es decir, debemos dividir el entero en partes cada vez más pequeñas, o sea que tendremos cada vez más partes. Entonces: $\lim\limits_{x \to 1} \dfrac{1}{x-1} = \infty$

Si el numerador, en lugar de ser 1, es cualquier otro número real distinto de cero, y el denominador es cualquier función que tiende a 0, el razonamiento es análogo al que hemos realizado.

> **Conclusión I**
>
> Si $\lim f(x) = 0$, entonces, para cualquier número real k distinto de cero se verifica que
>
> $\lim\limits_{x \to x_0} \dfrac{k}{f(x)} = \infty$. Esta conclusión también se cumple cuando x tiende a infinito.

b. Para calcular $\lim\limits_{x \to 3} \dfrac{1}{x-1}$, observemos que si x tiende a 3, al restarle 1, $x-1$ tiende a 2. Utilizando la propiedad del álgebra de límites que dice que el límite de la división entre dos funciones es la división de los límites de cada una de ellas (siempre que el límite del denominador no sea 0), obtenemos:

$$\lim\limits_{x \to 3} \dfrac{1}{x-1} = \dfrac{\lim\limits_{x \to 3} 1}{\lim\limits_{x \to 3} x-1} = \dfrac{1}{2} \ \Rightarrow \ \lim\limits_{x \to 3} \dfrac{1}{x-1} = \dfrac{1}{2}$$

c. Con un razonamiento similar al que utilizamos en el ítem **b.**, calculamos: $\lim\limits_{x \to 3} \dfrac{5x+3}{x-1}$

$$\text{Si } x \to 3 \ \begin{cases} \Rightarrow 5x + 15 \Rightarrow 5x + 3 \to 18 \\ \Rightarrow x - 1 \to 2 \end{cases}$$

Por lo tanto: $\lim\limits_{x \to 3} \dfrac{5x+3}{x-1} = \dfrac{\lim\limits_{x \to 3} 5x+3}{\lim\limits_{x \to 3} x-1} = \dfrac{18}{2} = 9 \ \Rightarrow \ \lim\limits_{x \to 3} \dfrac{5x+3}{x-1} = 9$

d. Para calcular $\lim\limits_{x \to 1} \dfrac{5x+3}{x-1}$ observamos que: si $x \to 1 \ \begin{cases} \Rightarrow 5x + 3 \to 18 \\ \Rightarrow x - 1 \to 0 \end{cases}$

En este caso, cuando **x** tiende a 1, el numerador tiende a 8 y el denominador tiende a 0. Entonces, no podemos utilizar la propiedad del álgebra de límites que usamos en los ítem **b.** y **c.** Sin embargo, podemos realizar un razonamiento similar al empleado en el ítem **a.** En $\frac{5x + 3}{x - 1}$ cuando **x** tiende a 1, el numerador tiende a un número distinto de 0, en este caso 8, y el denominador tiende a 0. Entonces, tenemos números cada vez más próximos a 8 que se dividen por números cada vez más pequeños. Por lo tanto, obtenemos por resultado números cada vez mayores en módulo. Podemos decir, entonces, que $\lim_{x \to 1} \frac{5x + 3}{x - 1} = \infty$

Conclusión II

Si $\lim f(x) = k$, donde **k** es un número real distinto de cero, y $\lim g(x) = 0$, entonces,

$\lim \frac{f(x)}{g(x)} = \infty$

Esta conclusión también es válida cuando **x** tiende a infinito.

Problema II

a. En el capítulo 5, dedujimos que $\lim_{x \to \infty} \frac{1}{x} = 0$. Utilizando este límite, calculemos $\lim_{x \to \infty} \frac{1}{x - 1}$

Si $x \to \infty \Rightarrow x - 1 \to \infty$
Por lo tanto, si a 1 lo dividimos cada vez en más partes, el resultado es cada vez más chico.
O sea: $\lim_{x \to \infty} \frac{1}{x - 1} = 0$

Si el numerador, en lugar de ser 1, es otro número, y el denominador es cualquier función que tiende a infinito, el razonamiento es análogo al que hemos hecho.

Conclusión III

Si $\lim f(x) = \infty$, entonces, para cualquier número real **k** se verifica que $\lim \frac{k}{f(x)} = 0$
Esta afirmación también se cumple si **x** tiende a **x**.

b. Para calcular $\lim_{x \to \infty} \frac{0.9^x + 3}{x - 1}$, analicemos el gráfico de la función $g(x) = 0.9^x$
Como $g(x)$ es una función exponencial y 0,5 es mayor que 0 y menor que 1, su gráfico es el siguiente:

Observamos que cuando **x** toma valores positivos cada vez mayores, $g(x)$ tiende a 0. Luego, en $\frac{0.9^x + 3}{x - 1}$ el numerador tiende a 3 y el denominador tiende a infinito, cuando **x** tiende a más infinito. Entonces, tenemos un número cada vez más cercano a 3, que se divide cada vez en más partes. Por lo tanto, el resultado será un número cada vez más próximo a 0. Es decir: $\lim_{x \to \infty} \frac{0.9^x + 3}{x - 1} = 0$

También podemos realizar el mismo razonamiento cuando el numerador es cualquier función que tiende a un número y el denominador es una función que tiende a infinito.

Conclusión IV

Si $\lim f(x) = k$, donde k es un número real, y $\lim g(x) = \infty$, entonces, $\lim \dfrac{f(x)}{g(x)} = 0$

Esta afirmación también es válida cuando x tiende a x_0

Problema III

La forma del gráfico de la función $f(x) = a^x$ es distinta si a es mayor que 1 o si a está entre 0 y 1.
Si $a > 1$, el gráfico de $f(x)$ es aproximadamente el siguiente:

En el gráfico, podemos observar lo siguiente:
$\lim_{x \to +\infty} a^x = +\infty$ y $\lim_{x \to -\infty} a^x = 0$

Para resolver estos límites analíticamente, debemos considerar que si $x \to +\infty$ y $a > 1$, entonces, a^x será un número cada vez mayor, o sea, $\lim_{x \to +\infty} a^x = +\infty$. En cambio, como $a^x = \dfrac{1}{a^x}$, si $x \to -\infty$

entonces, $-x \to +\infty$. Luego, como $a > 1$, a^{-x} es un número cada vez más grande y, entonces, $a^x \to 0$, es decir, $\lim_{x \to -\infty} a^x = 0$

Si $0 < a < 1$, el gráfico de $f(x)$ es aproximadamente el siguiente:

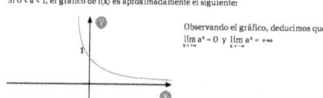

Observando el gráfico, deducimos que
$\lim_{x \to +\infty} a^x = 0$ y $\lim_{x \to -\infty} a^x = +\infty$

Para calcular estos límites analíticamente, cuando $0 < a < 1$, debemos realizar un razonamiento similar al que hicimos para $a > 1$.

Conclusión V

$$\lim_{x \to +\infty} a^x = \begin{cases} 0 \text{ si } a > 1 \\ +\infty \text{ si } 0 < a < 1 \end{cases}$$

$$\lim_{x \to -\infty} a^x = \begin{cases} +\infty \text{ si } a > 1 \\ 0 \text{ si } 0 < a < 1 \end{cases}$$

Analicemos ahora la función g(x)= log$_a$ x. Como esta función es la inversa de f(x) = a^x, entonces, también los gráficos son distintos si **a** es mayor que 1 o si **a** está entre 0 y 1.
Analicemos el gráfico de g(x) para a > 1:

Luego, observamos que $\lim_{x \to +\infty} \log_a x = +\infty$ y
$\lim_{x \to 0^+} \log_a x = -\infty$

Para comprobar esto analíticamente, despejamos **x** en g(x)
Como g(x) = log$_a$ x => a$^{g(x)}$ = x
Si x → +∞ => a$^{g(x)}$ → +∞, y como a > 1, por la conclusión V, esto sucede solamente si g(x) → +∞
Si x → 0$^+$ => a$^{g(x)}$ → 0, y como a > 1, por la conclusión V, esto ocurre solamente si g(x) → -∞
Si 0 < a < 1, entonces, el gráfico de g(x) es el siguiente:

En el gráfico, podemos observar que
$\lim_{x \to +\infty} \log_a x = -\infty$ y $\lim_{x \to 0^+} \log_a x = +\infty$

Verifiquemos estos límites analíticamente.
Como g(x) = log$_a$ x => a$^{g(x)}$ = x
Si x → +∞ => a$^{g(x)}$ → +∞, y como 0 < a < 1, por la conclusión V, esto sucede solamente si g(x) → -∞
Si x → 0$^+$ => a$^{g(x)}$ → 0, y como 0 < a < 1, por la conclusión V, esto ocurre solamente si g(x) → +∞

Conclusión VI

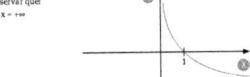

Problema IV

a. Analicemos este límite: $\lim_{x \to 1} \frac{x^2 - 1}{x - 1}$

Cuando **x** tiende a 1, tanto el numerador como el denominador de la función tienden a 0. Considerando solo el numerador, podríamos decir que una expresión que tiende a cero, dividida por otra que tiende a un número, da por resultado 0. Consideremos ahora solo el denominador. Podríamos decir que si a una expresión que tiende a un número la dividimos por otra cada vez más próxima a cero, el resultado es un número cada vez más grande y, por lo tanto, el límite es infinito. Entonces, este límite, ¿es cero, infinito o algún otro número distinto de cero? Este límite está indeterminado.

Límite indeterminado

Decimos que un límite está **indeterminado** cuando en un comienzo no podemos determinar cuál es su resultado. Este dependerá de cada caso.

Que un límite esté indeterminado en un principio no significa que no pueda calcularse, sino que no está terminado. Hay que realizar algunas operaciones para lograr determinar su resultado. La primera de las indeterminaciones es la división de una función que tiende a cero por otra que también tiende a cero.

Conclusión VII

Si $\lim f(x) = 0$ y $\lim g(x) = 0$, entonces, $\lim \dfrac{f(x)}{g(x)}$ es indeterminado.

Esta conclusión también se cumple cuando x tiende a infinito.

Calculemos $\lim\limits_{x \to 1} \dfrac{x^2 - 1}{x - 1}$

Para ello realizamos una tabla de valores:

x	0,99	0,999	0,9999		1,0001	1,001	1,01
$\dfrac{x^2-1}{x-1}$	1,99	1,999	1,9999	...	2,0001	2,001	2,01

Como podemos observar en la tabla, parece ser que el límite debería dar 2. Pero ¿por qué no podría dar por resultado 2,0000001, que también es un número? Por lo tanto, solo con una tabla de valores no podemos determinar cuál es el límite.

Trabajemos entonces con la expresión de la función:

$$\lim_{x \to 1} \frac{x^2 - 1}{x - 1} = \lim_{x \to 1} \frac{(x - 1)(x + 1)}{x - 1} = \lim_{x \to 1} x + 1 = 2$$

Pudimos "salvar la indeterminación" cambiando la fórmula de la función por otra equivalente en todos los valores del dominio. Es decir, las expresiones $\dfrac{x^2 - 1}{x - 1}$ y $x + 1$ son equivalentes, excepto para $x = 1$. Observen que para obtener la expresión equivalente, factoreamos los polinomios y luego simplificamos. Esta simplificación es válida porque si x tiende a 1, entonces, x toma valores cada vez más cercanos a 1, pero no es igual a 1 y, por lo tanto, $x - 1 \neq 0$.

b. Para resolver $\lim\limits_{x \to 2} \dfrac{x^2 - 5x + 6}{3x^3 - 5x^2 - x - 2}$, veamos qué ocurre con el numerador y el denominador de la función cuando x tiende a 2.

Si $x \to 2$ $\begin{cases} \Rightarrow x^2 - 5x + 6 \to 4 - 10 + 6 = 0 \\ \Rightarrow x^3 - 5x^2 - x - 2 + 24 - 20 - 2 - 2 = 0 \end{cases}$

Tanto numerador como denominador son funciones que tienden a cero, es decir que estamos ante la presencia de una indeterminación. Para salvarla, vamos a simplificar la expresión

$\dfrac{x^2 - 5x + 6}{3x^3 - 5x^2 - x - 2}$ factoreando los polinomios del numerador y del denominador.

Como 2 es raíz de ambos polinomios, podemos dividir en forma exacta los dos polinomios por x − 2. Para ello usamos la regla de Ruffini:

$$\begin{array}{r|rrr} & 1 & -5 & 6 \\ 2 & & 2 & -6 \\ \hline & 1 & -3 & 0 \end{array} \qquad \begin{array}{r|rrrr} & 3 & -5 & -1 & -2 \\ 2 & & 6 & 2 & 2 \\ \hline & 3 & 1 & 1 & 0 \end{array}$$

Luego:

$x^2 - 5x + 6 = (x - 2)(x - 3)$

$3x^3 - 5x^2 - x - 2 = (x - 2)(3x^2 + x + 1)$

Por lo tanto: $\displaystyle\lim_{x \to 2} \frac{x^2 - 5x + 6}{3x^3 - 5x^2 - x - 2} = \lim_{x \to 2} \frac{(x - 2)(x - 3)}{(x - 2)(3x^2 + x + 1)} = \lim_{x \to 2} \frac{(x - 3)}{(3x^2 + x + 1)} = -\frac{1}{15}$

como x ≠ 2

c. Calculemos ahora $\displaystyle\lim_{x \to 5} \frac{\sqrt{x - 4} - 1}{x^2 - 25}$

En este caso, también el numerador y el denominador tienden a cero, cuando **x** tiende a 5. Estamos en presencia de una indeterminación. Pero aquí el numerador no es un polinomio que podamos factorear. Por lo tanto, simplifiquemos la expresión de la función:

$$\lim_{x \to 5} \frac{\sqrt{x - 4} - 1}{x^2 - 25} = \lim_{x \to 5} \frac{(\sqrt{x - 4} - 1)}{(x^2 - 25)} \cdot \frac{(\sqrt{x - 4} + 1)}{(\sqrt{x - 4} + 1)} = \lim_{x \to 5} \frac{(\sqrt{x - 4})^2 - 1^2}{(x^2 - 25)(\sqrt{x - 4} + 1)} =$$

multiplicamos y dividimos por el conjugado del numerador

$$\lim_{x \to 5} \frac{x - 4 - 1}{(x^2 - 25)(\sqrt{x - 4} + 1)} = \lim_{x \to 5} \frac{x - 5}{(x - 5)(x + 5)(\sqrt{x - 4} + 1)} =$$

factoreamos el polinomio del denominador

$$= \lim_{x \to 5} \frac{1}{(x + 5)(\sqrt{x - 4} + 1)} = \frac{1}{20}$$

como x ≠ 5

Problema V

Para calcular el límite planteado en **a.**, analicemos la función considerando por separado el numerador y el denominador. Si **x** toma valores cada vez más grandes en módulo, entonces, el resultado de $3x^2 + 5x + 4$ también es cada vez mayor. Luego, si lo dividimos por cualquier número, el resultado será cada vez mayor en módulo. Con este razonamiento, estamos diciendo que el límite debería dar ∞. Consideremos ahora solo el denominador. Si **x** toma valores cada vez más grandes en módulo, entonces, el resultado de $5x^2 + 3x + 14$ también será cada vez más grande. Luego, si dividimos cualquier número por otro que en módulo es cada vez mayor, el resultado será cada vez más cercano a 0. Con este razonamiento estamos diciendo que el límite debería dar 0. Estamos, entonces, ante la presencia de una nueva indeterminación.

Conclusión VIII

Si $\lim_{x \to \infty} f(x) = \infty$ y $\lim_{x \to \infty} g(x) = \infty$, entonces, $\lim_{x \to \infty} \frac{f(x)}{g(x)}$ es indeterminado.

Esta conclusión también es válida cuando x tiende a x_0.

Para poder calcular el límite, buscamos una expresión equivalente a $\frac{3x^2 + 5x + 4}{5x^2 + 3x + 14}$. Saquemos factor común x^2 (la mayor potencia de x) en el numerador y en el denominador:

$$\lim_{x \to \infty} \frac{3x^2 + 5x + 4}{5x^2 + 3x + 14} = \lim_{x \to \infty} \frac{x^2\left(3 + \frac{5}{x} + \frac{4}{x^2}\right)}{x^2\left(5 + \frac{3}{x} + \frac{14}{x^2}\right)} = \lim_{x \to \infty} \frac{3 + \frac{5}{x} + \frac{4}{x^2}}{5 + \frac{3}{x} + \frac{14}{x^2}}$$

Observemos que como x tiende a infinito, por la conclusión **IV**, resulta que $\frac{5}{x}, \frac{4}{x^2}, \frac{3}{x}$ y $\frac{14}{x^2}$ tienden a 0. Por lo tanto, el numerador tiende a 3 y el denominador tiende a 5. Entonces,

$$\lim_{x \to \infty} \frac{3x^2 + 5x + 4}{5x^2 + 3x + 14} = \frac{3}{5}$$

Analicemos el límite planteado en **b.** utilizando el mismo razonamiento que en **a.** Como x tiende a infinito, tanto el numerador como el denominador de $\frac{7x^3 + 3x^2 + 5x + 4}{5x^2 + 3x + 14}$ tienden a ∞

Estamos, entonces, ante la misma indeterminación que en **a.** Para salvarla saquemos factor común x^3 (la mayor potencia de x) en el numerador y en el denominador:

$$\lim_{x \to \infty} \frac{7x^3 + 3x^2 + 5x + 4}{5x^2 + 3x + 14} = \lim_{x \to \infty} \frac{x^3\left(7 + \frac{3}{x} + \frac{5}{x^2} + \frac{4}{x^3}\right)}{x^3\left(\frac{5}{x} + \frac{3}{x^2} + \frac{14}{x^3}\right)} = \lim_{x \to \infty} \frac{7 + \frac{3}{x} + \frac{5}{x^2} + \frac{4}{x^3}}{\frac{5}{x} + \frac{3}{x^2} + \frac{14}{x^3}}$$

Luego, cuando x tiende a infinito, el numerador tiende a 7 y el denominador tiende a 0. Por lo tanto, utilizando la conclusión **II** resulta que: $\lim_{x \to \infty} \frac{7x^3 + 3x^2 + 5x + 4}{5x^2 + 3x + 14} = \infty$

Analicemos el límite del ítem **c.:** $\lim_{x \to \infty} \frac{3x^2 + 5x + 4}{7x^3 + 3x^2 + 3x + 14}$

Observemos en el numerador que si $x \to +\infty \Rightarrow 3x^2 \to +\infty$ y $5x \to +\infty$. Luego, ¿a dónde tiende la resta entre $3x^2$ y $5x$? Tendería a cero si la resta fuera entre dos números iguales. Sin embargo, ∞ no es un número, sino que significa que el resultado es en módulo cada vez más grande. Por lo tanto, esta es una nueva indeterminación. Esta indeterminación también se presenta entre $7x^3$ y $5x^2$ si $x \to -\infty$

Conclusión IX.

Si $\lim_{x \to \infty} f(x) = \infty$ y $\lim_{x \to \infty} g(x) = \infty$, entonces, $\lim_{x \to \infty} [f(x) - g(x)]$ es indeterminado.

Esta afirmación también se cumple si x tiende a x_0.

Luego, podemos escribir $3x^2 - 5x = x \cdot (3x - 5)$. Como este es un producto entre expresiones que tienden a infinito cuando x tiende a infinito, entonces, $3x^2 - 5x$ tiende a infinito.

Por lo tanto, para el límite del ítem **c.** resulta que:

$$\text{Si } x \to +\infty \begin{cases} \Rightarrow 3x^2 - 5x + 4 \to +\infty \\ \Rightarrow 7x^3 + 5x^2 + 3x + 14 \to +\infty \end{cases}$$

Otra vez el numerador y el denominador tienden a infinito. Salvemos esta indeterminación de la misma manera que lo hicimos en **b.:** saquemos factor común x^3 (la mayor potencia de x) en el numerador y en el denominador.

$$\lim_{x \to +\infty} \frac{3x^2 - 5x + 4}{7x^3 + 5x^2 + 3x + 14} = \lim_{x \to +\infty} \frac{x^3\left(\dfrac{3}{x} - \dfrac{5}{x^2} + \dfrac{4}{x^3}\right)}{x^3\left(7 + \dfrac{5}{x} + \dfrac{3}{x^2} + \dfrac{14}{x^3}\right)} = \lim_{x \to +\infty} \frac{\dfrac{3}{x} + \dfrac{5}{x^2} + \dfrac{4}{x^3}}{7 + \dfrac{5}{x} + \dfrac{3}{x^2} + \dfrac{14}{x^3}}$$

Luego, el numerador tiende a cero y el denominador tiende a 7. Por lo tanto,

$$\lim_{x \to +\infty} \frac{3x^2 - 5x + 4}{7x^3 + 5x^2 + 3x + 14} = 0$$

Analicemos el límite del ítem **d.:** $\lim_{x \to \infty} \dfrac{\sqrt{6x^2 + 5}}{x}$

En este caso, también numerador y denominador tienden a infinito si x tiende a infinito. Para salvar la indeterminación, saquemos x^2 factor común dentro de la raíz y apliquemos la propiedad distributiva de la radicación respecto de la multiplicación:

$$\lim_{x \to \infty} \frac{\sqrt{6x^2 + 5}}{x} = \lim_{x \to \infty} \frac{\sqrt{x^2\left(6 + \dfrac{5}{x^2}\right)}}{x} = \lim_{x \to \infty} \frac{\sqrt{x^2}\sqrt{6 + \dfrac{5}{x^2}}}{x} = \lim_{x \to \infty} \frac{|x|\sqrt{6 + \dfrac{5}{x^2}}}{x}$$

Para x tendiendo a infinito, el límite de $\sqrt{6 + \dfrac{5}{x^2}}$ es $\sqrt{6}$. Luego, si calculamos $\lim_{x \to \infty} \dfrac{|x|}{x}$, tendríamos resuelto el límite pedido.

Si $x \to +\infty \Rightarrow x$ es positivo, por lo tanto, $|x| = x$. Entonces:

$$\lim_{x \to +\infty} \frac{|x|}{x} = \lim_{x \to +\infty} \frac{x}{x} = \lim_{x \to +\infty} 1 = 1 \therefore \lim_{x \to +\infty} \frac{\sqrt{6x^2 + 5}}{x} = \sqrt{6}$$

Si $x \to -\infty \Rightarrow x$ es negativo, por lo tanto, $|x| = -x$. Entonces:

$$\lim_{x \to -\infty} \frac{|x|}{x} = \lim_{x \to -\infty} \frac{-|x|}{x} = \lim_{x \to -\infty} -1 = -1 \therefore \lim_{x \to -\infty} \frac{\sqrt{6x^2 + 5}}{x} = -\sqrt{6}$$

... Por lo tanto,

Problema VI

a. Analicemos el primer límite: $\lim\limits_{x \to \infty} \left(1 + \dfrac{1}{x}\right)^x$

Si $x \to \infty \Rightarrow \dfrac{1}{x} \to 0 \Rightarrow \dfrac{1+1}{x} \to 1$

Ahora bien, podemos pensar que si elevamos el número 1 a cualquier potencia, el resultado será siempre 1. Pero no estamos elevando el 1, sino un número cada vez más cercano a él. Si $x \to +\infty$, entonces, por la conclusión **V**, si la base es un número menor que 1, el límite será cero; y si la base es mayor que 1, el límite será más infinito. Entonces, ¿cuál será el resultado del límite? En principio, este límite está indeterminado. Si $x \to -\infty$, haciendo un razonamiento similar al anterior, también resulta que el límite está indeterminado.

> **Conclusión X**
>
> Si $\lim\limits_{x \to x_0} f(x) = 1$ y $\lim\limits_{x \to x_0} g(x) = \infty$, entonces, $\lim\limits_{x \to x_0} [f(x)]^{g(x)}$ es indeterminado.
>
> Esta afirmación también es válida si x tiende a x_0.

Sabemos que $\lim\limits_{n \to \infty} \left(1 + \dfrac{1}{n}\right)^n = e$ (número neperiano).

Esta definición puede extenderse a $\lim\limits_{x \to \infty} \left(1 + \dfrac{1}{x}\right)^x = e$

Para resolver los límites restantes, usaremos esta definición.

b. Calculemos $\lim\limits_{x \to 0} (1 + x)^{\frac{1}{x}}$. Para ello, cambiamos la variable; consideramos $t = \dfrac{1}{x}$. Luego, si x tiende a cero, entonces, t tiende a infinito. Por lo tanto:

$$\lim\limits_{x \to 0} (1 + x)^{\frac{1}{x}} = \lim\limits_{t \to \infty} \left(1 + \dfrac{1}{t}\right)^t = e$$

c. Analicemos $\lim\limits_{x \to \infty} \left(1 + \dfrac{1}{x^2}\right)^{x + 5}$

Como x^2 tiende a infinito cuando x tiende a infinito, para utilizar la definición del número **e** hace falta que figure x^2 en el exponente. Para ello, vamos a multiplicar y dividir por x^2 en el exponente:

$$\lim\limits_{x \to \infty} \left(1 + \dfrac{1}{x^2}\right)^{x + 5} = \lim\limits_{x \to \infty} \left(1 + \dfrac{1}{x^2}\right)^{x^2 \cdot \frac{x+5}{x^2}} = \lim\limits_{x \to \infty} \left[\left(1 + \dfrac{1}{x^2}\right)^{x^2}\right]^{\frac{x+5}{x^2}} = \left[\lim\limits_{x \to \infty} \left(1 + \dfrac{1}{x^2}\right)^{x^2}\right]^{\lim\limits_{x \to \infty} \frac{x+5}{x^2}}$$

Luego, por la definición del número **e**: $\lim\limits_{x \to \infty} \left(1 + \dfrac{1}{x^2}\right)^{x^2} = e$

Además: $\lim\limits_{x \to \infty} \dfrac{x+5}{x^2} = \lim\limits_{x \to \infty} \dfrac{x\left(1 + \dfrac{5}{x}\right)}{x^2} = \lim\limits_{x \to \infty} \dfrac{1 + \dfrac{5}{x}}{x} = 0$

Entonces: $\lim\limits_{x \to \infty} \left(1 + \dfrac{1}{x^2}\right)^{x + 5} = e^0 = 1$

d. Si $\lim\limits_{x \to x_0} f(x) = \infty$, entonces, $\lim\limits_{x \to x_0}\left(1 + \dfrac{1}{f(x)}\right)^{f(x)} = \lim\limits_{t \to \infty}\left(1 + \dfrac{1}{t}\right)^{t} = e$

considerando $t = f(x)$

Problema VII

a. Observemos el gráfico de la función sen x:

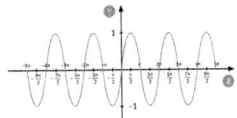

Vemos que cuando $x \to 0$, sen $x \to 0$

Luego, en $\dfrac{\text{sen } x}{x}$ el numerador tiende a 0 y el denominador también tiende a 0, con lo cual estamos nuevamente ante una indeterminación. Debemos encontrar una manera de determinar el límite. Analicemos gráficamente la definición de sen x y tg x en la circunferencia trigonométrica, o sea, que tiene radio 1.

$$\overline{AB} = a$$
$$\overline{OB} = b = 1$$
$$\overline{CD} = c$$
$$\overline{OD} = d = 1$$

El ángulo **x** está medido en radianes.

En este gráfico, podemos observar que si **x** es el arco, en el triángulo rectángulo OBA resulta

$$\text{tg } x = \frac{a}{b} = \frac{a}{1} = a \text{, y en el triángulo rectángulo OCD es sen } x = \frac{c}{d} = \frac{c}{1} = c$$

con $b = 1$ con $d = 1$

Además, en la circunferencia trigonométrica, podemos observar que para valores de **x** pertenecientes al intervalo $\left[0; \dfrac{\pi}{2}\right]$ se verifica que $c \leq x \leq a$. Luego, sen $x \leq x \leq$ tg x

Si dividimos toda la desigualdad por sen x, que es positivo pues $0 < x < \dfrac{\pi}{2}$, obtenemos:

$$1 \leq \frac{x}{\operatorname{sen} x} \leq \frac{\operatorname{tg} x}{\operatorname{sen} x}$$

Pero como $\operatorname{tg} x = \frac{\operatorname{sen} x}{\cos x}$, entonces, $1 \leq \frac{x}{\operatorname{sen} x} \leq \frac{1}{\cos x}$

Si x tiende a cero por la derecha $\left(0 < x < \frac{\pi}{2} \right)$, resulta $\lim\limits_{x \to 0^+} \frac{1}{\cos x} = 1$. Entonces $\frac{x}{\operatorname{sen} x}$ está entre dos

funciones que tienden a 1 y, por lo tanto, también tiende a 1. Es decir,

$\lim\limits_{x \to 0^+} \frac{x}{\operatorname{sen} x} = 1$, con lo cual también $\lim\limits_{x \to 0^+} \frac{\operatorname{sen} x}{x} = 1$

Si x tiende a cero por la izquierda $\left(-\frac{\pi}{2} < x < 0 \right)$ y consideramos $t = -x$, entonces, t tiende a 0 por la derecha. Luego:

$$\lim\limits_{x \to 0^-} \frac{\operatorname{sen} x}{x} = \lim\limits_{x \to 0^-} \frac{-\operatorname{sen} x}{-x} = \lim\limits_{x \to 0^-} \frac{\operatorname{sen} (-x)}{-x} = \lim\limits_{t \to 0^+} \frac{\operatorname{sen} t}{t} = 1$$

Conclusión XI

$$\lim\limits_{x \to 0} \frac{\operatorname{sen} x}{x} = 1$$

Utilicemos esta conclusión para calcular los límites de los ítems **b.**, **c.** y **d.**

b. $\lim\limits_{x \to 0} \frac{\operatorname{sen} (5x)}{2x} = \lim\limits_{t \to 0} \frac{\operatorname{sen} t}{2 \cdot \frac{t}{5}} = \lim\limits_{t \to 0} \frac{5}{2} \cdot \frac{\operatorname{sen} t}{t} = \frac{5}{2} \cdot 1 = \frac{5}{2}$

c. Para calcular $\lim\limits_{x \to x_0} \frac{\operatorname{sen} f(x)}{f(x)}$, como $\lim\limits_{x \to x_0} f(x) = 0$, entonces, consideremos $t = f(x)$

Se verifica que $t \to 0$ cuando $x \to x_0$

Por lo tanto $\lim\limits_{x \to x_0} \frac{\operatorname{sen} f(x)}{f(x)} = \lim\limits_{t \to 0} \frac{\operatorname{sen} t}{t} = 1$

d. Analicemos $\lim\limits_{x \to 1} \frac{\operatorname{sen} (x^2 - 1)}{x - 1}$

Como $x^2 - 1 \to 0$ si $x \to 1$, para utilizar la conclusión XI debe figurar $x^2 - 1$ en el denominador. Para ello, multiplicamos y dividimos por $x + 1$:

$\lim\limits_{x \to 1} \frac{\operatorname{sen} (x^2 - 1)}{x - 1} = \lim\limits_{x \to 1} \frac{\operatorname{sen} (x^2 - 1)}{x - 1} \cdot \frac{(x + 1)}{(x + 1)} = \lim\limits_{x \to 1} \frac{\operatorname{sen} (x^2 - 1)}{x^2 - 1} \cdot (x + 1) =$

$\lim\limits_{x \to 1} \frac{\operatorname{sen} (x^2 - 1)}{x^2 - 1} \cdot \lim\limits_{x \to 1} (x + 1) = 1 \cdot 2 = 2$

1. Las funciones $f(x)$, $g(x)$ y $h(x)$ están definidas de $\mathbb{R}$ en $\mathbb{R}$ y, además,
$\lim\limits_{x \to 2} f(x) = 5$, $\lim\limits_{x \to 2} g(x) = 6$ y $\lim\limits_{x \to 2} h(x) = +\infty$

a. Calculen, si es posible, los siguientes límites. Si no es posible, expliquen por qué.

I. $\lim\limits_{x \to 2} [(f(x))^3 - 3g(x + 2)] =$

II. $\lim\limits_{x \to 2} 2^{h(x)} =$

b. Indiquen si las siguientes afirmaciones son verdaderas o falsas. Justifiquen sus respuestas.

I. $\lim\limits_{x \to 2} \dfrac{1}{g(x) - 6} = +\infty$

II. $\lim\limits_{x \to 2} \dfrac{f(x - 2) - 5}{g(x) - 6} = 0$

III. $\lim\limits_{x \to 2} \left| \dfrac{1}{f(x) - 5} - \dfrac{1}{(f(x))^2 - 25} \right| = +\infty$

2. Si $f(x)$, $g(x)$, $h(x)$, $t(x)$ y $m(x)$ son funciones definidas de $\mathbb{R}$ en $\mathbb{R}$, y

$\lim\limits_{x \to x_0} f(x) = 5$, $\lim\limits_{x \to x_0} g(x) = +\infty$, $\lim\limits_{x \to x_0} h(x) = -\infty$, $\lim\limits_{x \to x_0} t(x) = 0$ y $\lim\limits_{x \to x_0} m(x) = \dfrac{2}{5}$, determinen cuáles de los

siguientes límites pueden calcularse. Para los que no se puedan hallar, indiquen por qué.

a. $\lim\limits_{x \to x_0} [f(x) + g(x)] =$

b. $\lim\limits_{x \to x_0} [h(x) + g(x)] =$

c. $\lim\limits_{x \to x_0} [h(x) \cdot g(x)] =$

d. $\lim\limits_{x \to x_0} \dfrac{h(x)}{g(x)} =$

e. $\lim\limits_{x \to x_0} \dfrac{g(x)}{h(x)} =$

f. $\lim\limits_{x \to x_0} [m(x)]^{g(x)} =$

g. $\lim\limits_{x \to x_0} [m(x)]^{h(x)} =$

h. $\lim\limits_{x \to x_0} [f(x)]^{g(x)} =$

i. $\lim\limits_{x \to x_0} [f(x) \cdot g(x)] =$

j. $\lim\limits_{x \to x_0} \dfrac{f(x)}{g(x)} =$

k. $\lim\limits_{x \to x_0} \dfrac{h(x)}{t(x)} =$

l. $\lim\limits_{x \to x_0} \dfrac{t(x)}{f(x) - 5} =$

3. Calculen el valor de **a** para que se verifique lo siguiente:

a. $\lim\limits_{x \to 5} \dfrac{ax + 5}{x - 3} = 2$

b. $\lim\limits_{x \to a} \dfrac{x^2 - a^2}{x - a} = 5$

c. $\lim\limits_{x \to 1} \left(\dfrac{2}{5}\right)^{a \cdot x} = \dfrac{4}{25}$

4. Decidan si las siguientes afirmaciones son verdaderas o falsas. Expliquen el porqué de sus respuestas.

a. $\lim\limits_{x \to 1} 5x - 3 = 2$

b. $\lim\limits_{x \to -\infty} \sqrt{x^2 + 3} = -\infty$

c. $\lim\limits_{x \to 2} \dfrac{\sqrt{x - 1} - 1}{x^2 - 4} = \dfrac{1}{8}$

5. Calculen, si existen, los siguientes límites. Para los que no existen, indiquen por qué.

a. $\lim\limits_{x \to 0} \cos \dfrac{1}{x} =$

b. $\lim\limits_{x \to \infty} \left(x + \text{sen} \dfrac{1}{x}\right) =$

c. $\lim\limits_{x \to 0} \left(x + \text{sen} \dfrac{1}{x}\right) =$

6. Hallen los siguientes límites:

a. $\lim\limits_{x \to 1} \dfrac{2x^2 + 5x - 2}{7x + 2} =$

d. $\lim\limits_{x \to +\infty} \dfrac{3 + x^{\frac{5}{6}}}{x^{\frac{7}{3}} + 5x} =$

b. $\lim\limits_{x \to +\infty} \dfrac{\sqrt{8x^2 + 8x + 8} + \sqrt{8x^2 - 8x + 8}}{x + \sqrt{x^2 + 1}} =$

e. $\lim\limits_{x \to 0} \dfrac{\text{sen}^2 x - 2\,\text{sen}\, x + 1}{3 \cos x - 3} =$

c. $\lim\limits_{x \to \infty} \dfrac{8x^2 + 9x}{9x^2 + 3x^3 - 2x + 5} =$

f. $\lim\limits_{x \to 0} \dfrac{2x - \text{sen}(6x)}{6x + 4\,\text{sen}(5x)} =$

7

Derivadas

El concepto de derivada resulta muy útil en diferentes
ciencias, como la Economía y la Física, entre otras,
pues permite estudiar la forma y la rapidez con que
se producen los cambios.

Derivadas

Problema I

Pablo visita a sus abuelos con frecuencia. Siempre parte de su casa a las 10 de la mañana y llega a la casa de sus abuelos, que está a 400 kilómetros de la suya, a las 16 horas. Los siguientes gráficos representan la distancia a la que se encuentra Pablo de su casa (d), en función del tiempo (t), en distintas oportunidades en que fue a visitar a sus abuelos.

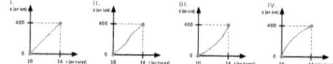

a. ¿Cuál fue la velocidad promedio en cada caso?

b. Para cada gráfico ¿qué pueden decir acerca de la velocidad con la que viajó Pablo? ¿Fue siempre a la misma velocidad?

1. Daniel suele ir a la casa de unos amigos que viven a 80 kilómetros de la suya. Los siguientes gráficos representan la distancia a la que se encuentra Daniel de su casa, en función del tiempo, en distintas ocasiones en que visitó a sus amigos. Para cada gráfico, analicen si Daniel realizó el viaje a velocidad constante. Justifiquen sus respuestas.

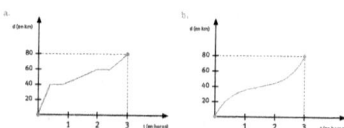

2. Calculen la velocidad media de todo el viaje para cada uno de los gráficos de la actividad 1.

Problema II

Una camioneta parte de un pueblo y se desplaza con trayectoria recta según la función
$d(t) = 35t + \frac{5}{6}t^2$, donde **t** es el tiempo de marcha medido en horas y **d** es la distancia de la
camioneta al pueblo de donde partió, medida en kilómetros. A 155 km del pueblo hay
un cruce de caminos muy peligroso. Por este motivo, se instaló allí un dispositivo que
controla que la velocidad de los vehículos no supere los 60 km/h. Si se excede este límite, el dispositivo saca una foto de la patente del vehículo y registra la infracción. ¿Le
corresponde una multa a la camioneta? ¿Por qué?

3. Un automóvil hizo un viaje en cuatro etapas. En la primera, recorrió 100 km en una hora y
media. En la segunda etapa, 150 km en 2 horas. En la tercera, recorrió 200 km en 1 hora 40
minutos, y en la cuarta etapa, hizo 70 km en tres cuartos de hora. ¿Cuál fue su velocidad
media durante todo el viaje? ¿Y durante los primeros dos tramos?

4. Consideren la función $d(t) = 2t^2 + 14t$, que relaciona la distancia en kilómetros a un cierto
lugar de un móvil (d) con el tiempo de marcha (t) medido en horas, y hallen las siguientes
velocidades medias:

a. $Vm_{1;2} =$ _____
b. $Vm_{1;1,5} =$ _____
c. $Vm_{1;1,1} =$ _____

d. $Vm_{1;2} =$ _____
e. $Vm_{1;1,01} =$ _____
f. $Vm_{1;b} =$ _____ (con b > 1)

Problema III

El siguiente gráfico representa la distancia
(d) de un auto, que transita por una ruta
recta, a la ciudad desde donde salió, en
función del tiempo (t). Hallen la velocidad
instantánea del auto en el momento a.

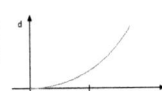

5. La distancia al suelo de un proyectil que fue lanzado verticalmente está dada por la función
$a(t) = -5t^2 + 100t$, donde t es el tiempo medido en segundos y a es la altura que alcanza el
proyectil, medida en metros. Calculen la velocidad del proyectil cuando está por primera
vez a 375 metros de altura.

6. A partir de la función d(t) = –t² + 20t, que vincula la distancia en kilómetros de un móvil a un punto determinado (d), al tiempo de marcha (t) expresado en horas, obtengan las siguientes velocidades:

a. $Vm_{1,3}$ = _____   c. Vi (3) = _____
b. Vi (1) = _____   d. Vi (1,5) = _____

Problema IV

Encuentren la ecuación de la recta tangente al gráfico de $f(x) = x^2 + 3x - 2$, o sea, en el punto de abscisa 7.

7. Calculen la derivada de estas funciones en el valor de **a** indicado.

a. f(x) = 3x + 2 en a = 2

b. g(x) = 2x³ en a = 1

c. h(x) = $\sqrt{x}$ en a = 4

8. Escriban la ecuación de la recta tangente al gráfico de f(x) = 4x² + 3 en a = 5.

9. Completen las siguientes afirmaciones para que resulten verdaderas. Justifiquen sus respuestas.

a. Si la recta tangente al gráfico de g(x) = x² + 3x + 2 en el punto (a; g(a)) es paralela al eje **y**, entonces, es **a** = _____

b. Si la recta tangente al gráfico de h(x) = $\dfrac{1}{x+1}$ en el punto (a; h(a)), con a < 0, es perpendicular

a la recta y = 9x + 3, entonces, es **a** = _____

Problema V

El siguiente gráfico corresponde a la función f(x). A partir de él, determinen si existe la derivada de f(x) en los valores a, b, c, d y e.

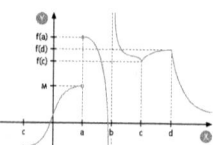

10. Analicen si cada una de las siguientes funciones es derivable en el valor de **a** que se indica. Justifiquen sus respuestas.

a. $f(x) = x^3 + 2$ en $a = 1$

b. $g(x) = \dfrac{1}{x+1}$ en $a = -1$

11. Determinen si las funciones que figuran a continuación son derivables en el valor de **a** indicado. Justifiquen sus respuestas.

a. $f(x) = |x|$ en $a = -2$

b. $f(x) = |x + 2|$ en $a = 5$

c. $f(x) = |x + 2|$ en $a = -3$

12. Observen el siguiente gráfico, correspondiente a $f(x)$, y analicen si existe la derivada de $f(x)$ en los valores **a, b, c, d** y **e**.

Problema VI

Para la función $f(x)$, hallen el dominio, la función derivada y el dominio de esta, en cada una de las siguientes casos:

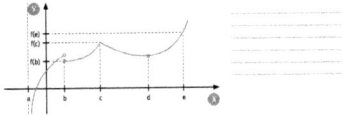

a. $f(x) = mx + b$ b. $f(x) = x^3$ c. $f(x) = \sqrt{x}$

d. $f(x) = \ln x$ e. $f(x) = \operatorname{sen} x$ f. $f(x) = \dfrac{3}{x}$

13. Indiquen si cada una de las siguientes afirmaciones es verdadera o falsa. Justifiquen sus respuestas.

a. La función $f(x) = \dfrac{1}{x-3}$ no es derivable en 3 porque no es continua en ese valor. ☐

b. La función $g(x) = |x + 2|$ es derivable en −2 porque es continua en dicho valor. ☐

c. La función $h(x) = \dfrac{1}{x+3}$ es derivable en cada valor de su dominio, es decir, en todo su dominio. ☐

14. Hallen la función derivada de cada una de estas funciones utilizando las propiedades de las funciones derivables y las funciones derivadas obtenidas en el problema **VI**.

a. $f(x) = \dfrac{1}{x} - \operatorname{sen} x$ b. $g(x) = \ln x + x^3$ c. $h(x) = \operatorname{sen} x - \sqrt{x}$

15. Obtengan la función derivada de las siguientes funciones utilizando la regla de la cadena y las funciones derivadas halladas en el problema **VI**.

a. $a(x) = (3x + 2)^3$ b. $b(x) = \ln(2x - 3)$ c. $c(x) = \cos^2 x$

d. $d(x) = \cos(x^2)$ e. $f(x) = \sqrt{2x + 3}$ f. $f(x) = \dfrac{1}{2x + 3}$ g. $f(x) = \left(\dfrac{1}{2x + 3}\right)^2$

16. Determinen la función derivada de estas funciones usando las propiedades de las funciones derivables y las funciones derivadas obtenidas en el problema **VI**.

a. $h(x) = \operatorname{sen} x \cdot \ln x$ d. $k(x) = \dfrac{\ln x}{x}$

b. $i(x) = (x^2 + 5x) \cdot \operatorname{sen} x$ e. $l(x) = \dfrac{\operatorname{sen} x}{x^2 + 5x}$

c. $j(x) = \dfrac{\operatorname{sen} x}{x}$ f. $m(x) = \dfrac{\ln x}{\operatorname{sen} 2x}$

17. Demuestren estas afirmaciones usando la definición de función derivada.

a. Si $f(x) = x$, entonces, $f'(x) = 1$

b. Si $f(x) = \cos x$, entonces, $f'(x) = -\operatorname{sen} x$

18. Demuestren la siguiente afirmación utilizando que $a^x = e^{\ln(a) \cdot x}$. Si $f(x) = a^x$, con $a > 0$ y $a \neq 1$, entonces, $f'(x) = a^x \ln a$

Problema VII

La distancia en centímetros de un móvil a un cierto lugar está determinada por la función $d(t) = \frac{16}{t} + 4t$, donde t es el tiempo de marcha medido en segundos.

a. ¿Qué velocidad alcanzó el móvil a los 4 segundos de marcha?

b. ¿Cuál era la aceleración instantánea del móvil a los 10 segundos de iniciada la marcha?

19. Hallen la función derivada de cada una de las siguientes funciones y redúzcanla a la mínima expresión.

a. $a(x) = \frac{e^x}{x^3}$

c. $c(x) = \frac{3x + 8}{(2x + 4)^2}$

b. $b(x) = \log_e(x^2 + 3x)$

d. $d(x) = \sqrt[3]{\cos x}$

20. Obtengan las funciones derivadas primera, segunda y tercera de cada una de las funciones que se indican a continuación. Además, calculen el dominio de cada función y el de cada función derivada sucesiva.

a. $f(x) = x^5 + 3x^4$

b. $g(x) = e^x$

Problema VIII

Queremos calcular $\sqrt[3]{9,3}$ y se rompió la calculadora. ¿Cómo podemos hallar un resultado aproximado de ese cálculo sabiendo que $\sqrt{9} = 2$?

21. Calculen un valor aproximado de sen 46°, sabiendo que sen 45° $= \frac{\sqrt{2}}{2}$. Recuerden que 45° corresponde en radianes a $\frac{\pi}{4}$.

22. Obtengan un resultado aproximado de $\sqrt[3]{64,35}$ utilizando que $\sqrt[3]{64} = 4$.

23. Demuestren que si f(x) es derivable en 0, f'(0) = 3 y $g(x) = f(x^2 - 4)$, entonces, g(x) es derivable en 2. Y hallen g'(2).

Vamos a utilizar el programa Graphmatica como herramienta para calcular derivadas y derivadas sucesivas, y para encontrar las rectas tangentes.

Calcular derivadas   Dibujar recta tangente

1. Calculen y grafiquen las derivadas de las siguientes funciones:

a. $f(x) = e^x$

b. $g(x) = 2x+5$

c. $h(x) = \ln\left(\dfrac{1}{x}\right)$

d. $l(x) = (x^2 + 5) - 3x$

2. Calculen y grafiquen las derivadas sucesivas de las siguiente funciones:

a. $l(x) = x^4 + 2x^3 - x + 2$

b. $m(x) = \text{sen } x$ (Hasta $m''''(x)$)

c. $n(x) = \cos x$ (Hasta $n''''(x)$)

d. $\tilde{n}(x) = (3x^2 \cdot 5)^3 + 2$

3. Grafiquen las siguientes funciones y las rectas tangentes.

a. $p(x) = -x^2 - 3$ Gráfica tangente en $x = -1$

b. $q(x) = -\cos x$ Gráfica tangente en $x = 3$

c. $r(x) = e^{2x}$ Gráfica tangente en $x = 1$

d. $s(x) = \ln x$ Gráfica tangente en $x = 5$

Derivadas

Problema I

a. Como en todos los casos Pablo viajó 400 kilómetros en 4 horas, entonces, en todo el viaje su velocidad promedio fue de $\frac{400}{4}$ km/h, o sea, de 100 km/h. A la velocidad promedio se la llama **velocidad media**.

Velocidad media

Si la función d(t) determina la distancia de un móvil a un cierto lugar en función del tiempo t, llamamos **velocidad media** del móvil en el intervalo de tiempo a; b al cociente entre d(b) – d(a) y b – a. Simbólicamente, escribimos: $Vm_{a,b} = \frac{d(b) - d(a)}{b - a}$

b. En el gráfico I., la función que relaciona la distancia a la que se encuentra Pablo de su casa con el tiempo está representada por una recta. Entonces, para intervalos de tiempo iguales, Pablo recorrió distancias iguales. Por lo tanto, Pablo viajó siempre a la misma velocidad. El gráfico II. presenta segmentos de recta. Para cada uno de ellos, podemos hacer un análisis similar al realizado para el gráfico I. Por lo tanto, Pablo viajó a diferentes velocidades en los tres tramos, siendo la velocidad constante en cada uno de ellos. Como el gráfico III. no corresponde a una función lineal, consideremos en él la distancia recorrida por Pablo en cada intervalo de una hora.

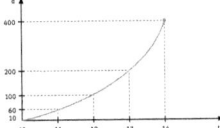

En el gráfico, podemos observar que en cada intervalo de una hora Pablo recorrió diferentes distancias. Por lo tanto, la velocidad a la que viajó no se mantuvo constante. Lo mismo sucede para el gráfico IV.

El concepto de **derivada** fue desarrollado en el siglo XVII simultáneamente por dos matemáticos: Isaac Newton y Gottfried Leibniz, que trabajaron sobre los conceptos del cálculo. Esto generó una gran disputa entre ellos, pues cada uno suponía que el otro había plagiado el concepto de derivada.

Problema II

Para responder a la pregunta, necesitamos conocer la velocidad de la camioneta en el instante en que pasó por el lugar donde está el dispositivo. Para ello, primero debemos calcular en qué momento la camioneta se encontraba a 144 km del pueblo desde el que partió. Es decir, tenemos que resolver la siguiente ecuación:

$$144 = 35t + \frac{1}{4} t^2 \text{, o sea, } 0 = \frac{1}{4} t^2 + 35t - 144$$

Al aplicar la fórmula resolvente, obtenemos que $t = 4$ o $t = -144$. Pero como **t** debe ser positivo, solamente consideramos $t = 4$. Luego, para determinar cuál era la velocidad de la camioneta a las 4 horas de viaje, debemos hallar qué marcaba el velocímetro de la camioneta en ese momento. Para ello, calculamos las velocidades medias en intervalos de tiempo que incluyan a 4 y que sean cada vez más pequeños. Por ejemplo, resulta que:

$$Vm_{4,5} = \frac{181,25 - 144}{5 - 4} = 37,25, \quad Vm_{4,4,5} = \frac{162,5625 - 144}{4,5 - 4} = 37,125$$

$$Vm_{4,4,1} = \frac{147,7025 - 144}{4,1 - 4} = 37,025. \text{ Luego, en el intervalo de tiempo } 4; \textbf{ b}, \text{ con } b > 4, \text{ la velocidad}$$

media es $Vm_{4, b} = \dfrac{d(b) - d(4)}{b - 4} = \dfrac{35b + \frac{1}{4} b^2 - 144}{b - 4}$

Como queremos determinar la velocidad solo en 4, hallamos el límite de la velocidad media entre 4 y **b** cuando **b** tiende a 4 por derecha.

$$\lim_{b \to 4} \frac{35b + \frac{1}{4} b^2 - 144}{b - 4} = \lim_{b \to 4} \frac{\frac{1}{4} (b - 4)(b + 144)}{b - 4} = 37$$

Si hubiésemos calculado la velocidad medida en el intervalo de tiempo $4; \textbf{ b}$, con $b < 4$, resultaría que:

$$Vm_{b, 4} = \frac{d(4) - d(b)}{b - 4} = \frac{-[-d(4) + d(b)]}{-(-4 + b)} = \frac{d(b) - d(4)}{b - 4} \text{ y, entonces, obtendríamos el mismo valor}$$

que en el caso de $b > 4$.

Por lo tanto, cuando la camioneta estaba a 144 kilómetros del pueblo, a las 4 horas de salir, su velocidad era de 37 km/h. Entonces, no le corresponde una multa, pues no superó los 40 km/h. La velocidad de 37 km/h es la **velocidad instantánea** de la camioneta en $t = 4$.

Velocidad instantánea

Llamamos velocidad instantánea en el momento a, y lo denotamos Vi(a), al valor del límite de la velocidad media en el intervalo de tiempo a; b cuando b tiende a a. Simbólicamente, escribimos:

$$Vi(a) = \lim_{b \to a} \frac{d(b) - d(a)}{b - a}$$

Problema III

En este problema, debemos utilizar un razonamiento similar al empleado en el problema II. La diferencia con ese problema es que en el problema III no conocemos la fórmula de la función que vincula la distancia a la ciudad con el tiempo, sino el gráfico de esa función.

Sabemos que la velocidad media en un intervalo de tiempo es el cociente entre la variación entre las distancias al punto de partida y la variación del tiempo empleado. Pero ¿cómo interpretamos ese cociente en el gráfico?

Consideremos en dicho gráfico un intervalo de tiempo a; b cualquiera.

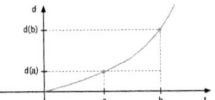

Entonces, la velocidad media del auto en el intervalo de tiempo a; b es:

$$Vm_{a;b} = \frac{d(b) - d(a)}{b - a}$$

Si en el último gráfico trazamos la recta determinada por los puntos (a; d(a)) y (b; d(b)), obtenemos el siguiente gráfico:

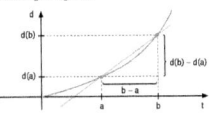

Por lo tanto, la expresión $\frac{d(b) - d(a)}{b - a}$ es la pendiente de la recta que pasa por los puntos (a; d(a)) y (b; d(b))

Luego, para hallar la velocidad instantánea en a, debemos calcular el valor del límite de $\frac{d(b) - d(a)}{b - a}$ cuando b tiende a a. Para ello, dibujemos las distintas rectas que pasan por (a; f(a)) y que quedan determinadas para diferentes valores de b a medida que b se aproxima cada vez más a a.

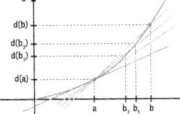

En el límite, obtenemos una recta que pasa por el punto (a; d(a)) y cuya pendiente es el valor del límite de $\frac{d(b) - d(a)}{b - a}$ cuando b tiende a a. Esta recta recibe el nombre de **recta tangente** al gráfico de la función en el punto (a; d(a)). La pendiente de la **recta tangente** al gráfico de la función en el punto (a; d(a)) se llama **derivada de la función en el valor a**.

Derivada de una función en un valor

Llamamos **derivada** de la función $f(x)$ en el valor **a**, y lo denotamos $f'(a)$, al valor de

$\lim_{x \to a} \dfrac{f(x) - f(a)}{x - a}$. Es decir, $f'(a) \lim_{x \to a} \dfrac{f(x) - f(a)}{x - a}$, siempre que este límite sea un número real.

Si consideramos $x - a = h$, obtenemos que $x = a + h$, con lo cual, cuando **x** tiende a **a**, entonces, **h** tiende a 0. Luego, resulta que:

$f'(a) = \lim_{x \to a} \dfrac{f(x) - f(a)}{x - a}$ (I) $\Rightarrow f'(a) = \lim_{h \to 0} \dfrac{f(a + h) - f(a)}{h}$ (II)

La expresión $\dfrac{f(a + h) - f(a)}{h}$ se llama **cociente incremental**.

Para calcular la derivada de una función en un valor es, a veces, más práctico usar la expresión (II) que la (I).

$f'(a)$: f "prima" en a o derivada de $f(x)$ en a

Recta tangente al gráfico de una función en un punto

Llamamos **recta tangente** al gráfico de $f(x)$ en el punto $(a; f(a))$ a la recta que pasa por ese punto y cuya pendiente es $f'(a)$.

Recordemos que...

$(a+b)^2 = (a + b) \cdot (a + b)$
Si aplicamos la propiedad distributiva de la multiplicación con respecto a la suma, obtenemos lo siguiente: $(a + b)^2 = a^2 + ab + ba + b^2$. Luego, sumamos y resulta que:
$$(a + b)^2 = a^2 + 2ab + b^2$$

Problema IV

Para hallar la ecuación de una recta, necesitamos, por ejemplo, la pendiente de dicha recta y uno de sus puntos.
Si $a = 7$, entonces, $f(a) = f(7) = 7^2 + 3 \cdot 7 = 70$. Luego, la recta que buscamos pasa por el punto $(7; 70)$. Como la pendiente de la recta tangente es la derivada de $f(x)$ en $a = 7$, debemos obtener el valor del límite del cociente incremental cuando **h** tiende a cero, con lo cual, en primer lugar, tenemos que hallar $f(a + h)$, o sea, $f(7 + h)$. Para ello, reemplazamos en **x** a por $7 + h$

Como $f(x) = x^2 + 3x \Rightarrow f(7 + h) = (7 + h)^2 + 3 (7 + h)$ Luego, resulta que

$$f'(7) = \lim_{h \to 0} \frac{f(7+h) - f(7)}{h} = \lim_{h \to 0} \frac{[(7+h)^2 + 3(7+h)] - 70}{h} = \lim_{h \to 0} \frac{49 + 14h + h^2 + 21 + 3h - 70}{h} =$$

$$= \lim_{h \to 0} \frac{17h + h^2}{h} = \lim_{h \to 0} \frac{h(17+h)}{h} = \lim_{h \to 0} (17+h) = 17$$

Entonces, la pendiente de la recta tangente es 17.

Por lo tanto, debemos encontrar la ecuación de la recta que tiene pendiente 17 y pasa por el punto (7, 70). Recordemos que la ecuación de una recta con pendiente **m** y ordenada al origen **b** es y = mx + b. Luego, si $y = mx + b \Rightarrow 70 = 17 \cdot 7 + b \Rightarrow b = -49$. Entonces, la ecuación de la recta buscada es y = 17x − 49.

Función derivable en un valor

La función f(x) es derivable en un valor a si f'(a) es un número real.

Por ejemplo, la función f(x) = x² es derivable en a = 3, pues:

$$f'(3) = \lim_{h \to 0} \frac{f(3+h) - f(3)}{h} = \lim_{h \to 0} \frac{(3+h)^2 - 9}{h} = \lim_{h \to 0} \frac{9 + 6h + h^2 - 9}{h} = \lim_{h \to 0} \frac{h(6+h)}{h} = 6$$

con lo cual f'(3) es un número real.
En cambio, la función f(x) = |x| no es derivable en a = 0, porque:

$$f'(0) = \lim_{h \to 0} \frac{f(0+h) - f(0)}{h} = \lim_{h \to 0} \frac{|0+h| - |0|}{h} = \lim_{h \to 0} \frac{|h|}{h}, \text{ y como } \lim_{h \to 0^-} \frac{|h|}{h} = -1 \text{ y } \lim_{h \to 0^+} \frac{|h|}{h} = 1, \text{ entonces,}$$

$\lim_{h \to 0} \frac{|h|}{h}$ no existe y, en consecuencia, f'(0) no existe.

Problema V

Para hallar f'(a), debemos obtener el valor del límite del cociente incremental (explicado anteriormente) cuando h tiende a cero. Pero en el gráfico observamos que en a la función es discontinua. Por lo tanto, debemos considerar los límites laterales del cociente incremental.

Luego, resulta que $\lim_{h \to 0^+} \frac{f(a+h) - f(a)}{h} = \lim_{h \to 0} \frac{M - f(a)}{h}$

Como el numerador del cociente incremental tiende a M − f(a), que es un número distinto de 0, y el denominador tiende a 0, entonces, obtenemos lo siguiente:

$$\lim_{h \to 0^+} \frac{f(a+h) - f(a)}{h} = \infty$$

Por lo tanto, independientemente del resultado del otro límite lateral, podemos afirmar que f'(a) no es un número real, con lo cual f'(a) no existe. Esto ocurre en cualquier discontinuidad de primera especie con salto finito.

Analicemos qué sucede para el valor **b**. Como la recta x = b es asíntota vertical de f(x), entonces, **b** no pertenece al dominio de f(x). Luego, f'(b) no existe. Por lo tanto, no es posible calcular la derivada de f(x) en **b**; es decir que f'(b) no existe. Para determinar si existe la derivada de f(x) en **c**, tracemos por (c; f(c)) las rectas que se aproximan a la recta tangente al gráfico de f(x) en el punto (c; f(c)):

Observamos que tanto las rectas de color naranja como las de color celeste se aproximan cada vez más a una recta vertical. Esta es la recta tangente al gráfico de f(x) en el punto (c; f(c)). Pero como las rectas verticales no tienen pendiente, entonces, f'(c) no existe.

Analicemos qué sucede para el valor **d** haciendo un razonamiento similar al realizado para el valor **c**, es decir, tracemos por (d; f(d)) el mismo tipo de rectas que dibujamos para determinar la existencia de f'(c).

Al trazar las rectas que pasan por el punto (d; f(d)) y se aproximan a la recta tangente, observamos que por izquierda y por derecha obtenemos dos rectas (una de color rojo y la otra de color azul) que tienen distinta pendiente. Entonces, los límites laterales del cociente incremental, cuando **h** tiende a cero, son diferentes. Por lo tanto, el límite del cociente incremental, cuando **h** tiende a cero, no existe y, en consecuencia, f'(d) no existe.

A los puntos que poseen las características de (c;f(c)) y (d;f(d)) se los llama **puntos angulosos**. En el caso del valor **e**, no existe f(e), ya que no está definida, con lo cual tampoco existe f'(e).

Recordamos que...

Una función f(x) es continua en **a** si se cumplen las siguientes condiciones:
I. Existe f(a)
II. lím f(x) = L, donde L ∈ R
    x→a
III. L = f(a)

Las discontinuidades se clasifican de la siguiente manera:
- Evitable si lím f(x) tiene distinto valor que f(a)
- Esencial de primera especie con salto finito si los límites laterales lím f(x) y lím f(x) tienen valores distintos.
- Esencial de primera especie con salto infinito si por lo menos uno de los límites laterales, lím f(x) o lím f(x), o ambos, son infinitos.
- Esencial de segunda especie si no existe alguno de los límites laterales, es decir, si no existe lím f(x) o no existe lím f(x)

Conclusión
No existe la derivada de una función en los valores donde la función no es continua, tiene puntos angulosos o donde la recta tangente es vertical.

Supongamos que una función f(x) es derivable en un valor **a**. ¿Será continua en dicho valor?
Analicemos esta cuestión.

Si f(x) es derivable en **a**, entonces, $\lim_{x \to a} \dfrac{f(x) - f(a)}{x - a}$ es un número real.

Como **x** tiende a **a**, entonces, x − a tiende a 0. Si f(x) − f(a) no tendiera a 0, el límite sería infinito y la función no sería derivable en **a**.

Por lo tanto, $\lim_{x \to a} f(x) - f(a) = 0 \Rightarrow \lim_{x \to a} f(x) = f(a) \Rightarrow$ f(x) es continua en **a**.

Conclusión
Si una función es derivable en un valor a, entonces, es continua en esa valor. Por lo tanto,
si una función no es continua en un valor a, entonces, no es derivable en ese valor.

En cambio, si sabemos que una función es continua en un valor **a**, no podemos afirmar si es
o no derivable en dicho valor. Por ejemplo, anteriormente analizamos la función f(x) = |x|,
que es continua en cualquier valor de su dominio, es decir, en **R**, pero no es derivable en 0 a
pesar de que 0 ∈ **R**.

Hasta aquí, calculamos la derivada de una función en un valor. Es posible, también, hallar la
derivada de una función en cada uno de los valores donde dicha función está definida, obte-
niendo una nueva función que calcula la pendiente de la recta tangente al gráfico de la función
dada en cada uno de sus puntos. Esa nueva función se llama **función derivada**.

Función derivada

Llamamos función derivada de f(x), y lo denotamos:

f'(x), a $\lim_{h \to 0} \dfrac{f(a + h) - f(x)}{h}$, siempre que este límite exista y no sea infinito.

Es decir: $f'(x) = \lim_{h \to 0} \dfrac{f(x + h) - f(x)}{h}$

El dominio de f'(x) está formado por todos los valores del dominio de f(x) para los cuales
existe f'(x). Por lo tanto, el dominio de f'(x) está incluido o es igual al dominio de f(x). Simbólicamente, **Dom f' ⊆ Dom f**

Existen diferentes notaciones para indicar la función derivada de una función. Si consideramos f(x) = y, la función derivada de f(x) se puede escribir simbólicamente de cualquiera
de las siguientes maneras: f'(x), y', Df(x), Dy, $\dfrac{dy}{dx}$, D, y

Problema VI

a. El dominio de $f(x) = mx + b$ es Dom $f = \mathbb{R}$. Como $f(x) = mx + b$, entonces, $f(x + h) = m(x + h) + b$

Luego, resulta que $f'(x) = \lim\limits_{h \to 0} \dfrac{f(x + h) - f(x)}{h} = \lim\limits_{h \to 0} \dfrac{m(x + h) + b - (mx + b)}{h} =$

$= \lim\limits_{h \to 0} \dfrac{mx + mh + b - mx - b}{h} = \lim\limits_{h \to 0} \dfrac{mh}{h} = m$

Por lo tanto, $f'(x) = m$ para cualquier número real x, pues Dom $f' = \mathbb{R}$

Hemos demostrado que si $f(x) = mx + b$, entonces, $f'(x) = m$

Luego, si $m = 0$, entonces, $f(x) = b$ y $f'(x) = 0$. Por lo tanto, Dom $f = $ Dom $f' = \mathbb{R}$

b. Para $f(x) = x^3$ el dominio es Dom $f = \mathbb{R}$

Luego $f'(x) = \lim\limits_{h \to 0} \dfrac{f(x + h) - f(x)}{h} = \lim\limits_{h \to 0} \dfrac{(x + h)^3 - x^3}{h} = \lim\limits_{h \to 0} \dfrac{x^3 + 3x^2h + 3xh^2 + h^3 - x^3}{h}$

$= \lim\limits_{h \to 0} \dfrac{h(3x^2 + 3xh + h^2)}{h} = 3x^2$; entonces, $f'(x) = 3x^2$; en consecuencia, Dom $f' = \mathbb{R}$

c. El dominio de $f(x) = \sqrt{x}$ es Dom $f = (0; +\infty)$

Luego, $f'(x) = \lim\limits_{h \to 0} \dfrac{\sqrt{x + h} - \sqrt{x}}{h}$. Pero este límite está indeterminado. Para salvar la indeterminación, multiplicamos y dividimos el cociente incremental por $\sqrt{x + h} + \sqrt{x}$. Entonces,

$f'(x) = \lim\limits_{h \to 0} \dfrac{(\sqrt{x + h} - \sqrt{x})(\sqrt{x + h} + \sqrt{x})}{h(\sqrt{x + h} + \sqrt{x})} = \lim\limits_{h \to 0} \dfrac{(\sqrt{x + h})^2 - (\sqrt{x})^2}{h(\sqrt{x + h} + \sqrt{x})} = \lim\limits_{h \to 0} \dfrac{x + h - x}{h(\sqrt{x + h} + \sqrt{x})} =$

$\lim\limits_{h \to 0} \dfrac{h}{h(\sqrt{x + h} + \sqrt{x})} = \dfrac{1}{2\sqrt{x}}$. Por lo tanto, $f'(x) = \dfrac{1}{2\sqrt{x}}$ y Dom $f' = (0; +\infty)$. En este caso, el dominio de $f'(x)$ no coincide con el dominio de $f(x)$ porque $0 \in$ Dom f, pero $0 \notin$ Dom f'

d. Para $f(x) = \ln x$ el dominio es Dom $f = (0; +\infty)$. Luego, resulta que $f'(x) = \lim\limits_{h \to 0} \dfrac{\ln(x + h) - \ln(x)}{h} =$

$= \lim\limits_{h \to 0} \dfrac{\ln\left(\dfrac{x + h}{x}\right)}{h} = \lim\limits_{h \to 0} \dfrac{1}{h} \cdot \ln\left(\dfrac{x + h}{x}\right) = \lim\limits_{h \to 0} \ln\left(\dfrac{x + h}{x}\right)^{\frac{1}{h}}$

Como la función logarítmica es continua en todo su dominio, entonces, se cumple que

$\lim\limits_{h \to 0} \ln\left(\dfrac{x + h}{x}\right)^{\frac{1}{h}} = \ln\left[\lim\limits_{h \to 0}\left(\dfrac{x + h}{x}\right)^{\frac{1}{h}}\right]$. Este límite está indeterminado. Sin embargo, por la definición del número e sabemos que $e = \lim\limits_{h \to 0}\left(1 + \dfrac{h}{x}\right)^{\frac{x}{h}}$. Entonces, $\ln\left[\lim\limits_{h \to 0}\left(\dfrac{x + h}{x}\right)^{\frac{1}{h}}\right] =$

$= \ln\left[\lim\limits_{h \to 0}\left(\dfrac{x}{x} + \dfrac{h}{x}\right)^{\frac{1}{h}}\right] = \ln\left[\lim\limits_{h \to 0}\left(1 + \dfrac{h}{x}\right)^{\frac{x}{h} \cdot \frac{1}{x}}\right] = \ln\left[\lim\limits_{h \to 0}\left(1 + \dfrac{h}{x}\right)^{\frac{x}{h}}\right]^{\frac{1}{x}} = \ln e^{\frac{1}{x}} = \ln e \cdot \dfrac{1}{x} = \dfrac{1}{x} \cdot 1 = \dfrac{1}{x}$

Por lo tanto, $f'(x) = \dfrac{1}{x}$

El dominio de la función $\frac{1}{x}$ es $\mathbb{R} - \{0\}$. Sin embargo, como Dom f = (0; +∞), entonces, debe ser

Dom f' = (0; +∞), pues siempre el dominio de f'(x) está incluido o es igual al de f(x).

e. El dominio de la función f(x) = sen x es Dom f = $\mathbb{R}$. Luego,

$$f'(x) = \lim_{h \to 0} \frac{\text{sen }(x + h) - \text{sen }(x)}{h} = \lim_{h \to 0} \frac{2 \text{ sen} \left(\frac{x + h - x}{2} \right) \cos \left(\frac{x + h - x}{2} \right)}{h} =$$

por la propiedad sen p − sen q = $2 \text{ sen} \frac{p-q}{2} \cos \frac{p+q}{2}$

$$= \lim_{h \to 0} \frac{2 \text{ sen} \left(\frac{h}{2} \right) \cos \left(\frac{2x + h}{2} \right)}{h} = \lim_{h \to 0} \frac{2 \text{ sen} \left(\frac{h}{2} \right) \cos \left(x + \frac{h}{2} \right)}{h} = \lim_{h \to 0} \frac{2 \text{ sen} \left(\frac{h}{2} \right)}{h} \cdot \lim_{h \to 0} \cos \left(x + \frac{h}{2} \right) =$$

$= 1$. cos x = cos x. Por lo tanto, f'(x) = cos x y Dom f' = $\mathbb{R}$

y

como $\lim \frac{\text{sen } \frac{h}{2}}{\frac{h}{2}} = 1$

Utilizando un razonamiento similar al empleado en el ítem **e.**, si f(x) = cos x, resulta que:

f'(x) = − sen x, y Dom f = Dom f' = $\mathbb{R}$

f. Para la función f(x) = $\frac{1}{x}$ es Dom f = $\mathbb{R} - \{0\}$. Luego, $f'(x) = \lim_{h \to 0} \dfrac{\frac{1}{x + h} - \frac{1}{x}}{h} = \lim_{h \to 0} \dfrac{x - (x + h)}{(x + h) \, xh} =$

$= \lim_{h \to 0} \dfrac{x - x - h}{(x + h) \, xh} = \lim_{h \to 0} \dfrac{-h}{(x + h) \, xh} = -\dfrac{1}{x^2}$. Por lo tanto, $f'(x) = -\dfrac{1}{x^2}$ y Dom f' = $\mathbb{R} - \{0\}$

Después de haber resuelto el problema **IV**, podemos darnos una idea del trabajo que implica calcular el límite del cociente incremental cuando **h** tiende a cero, cada vez que es necesario hallar la función derivada. Por este motivo, los matemáticos desarrollaron fórmulas que permiten facilitar los cálculos.

Propiedades de las funciones derivables

- **Si las funciones f(x) y g(x) son derivables en el valor a, entonces, (f + g)(x) es derivable en el valor a y, además, se verifica que (f + g)'(a) = f'(a) + g'(a)**

  Para demostrar esta propiedad, utilizamos la expresión del cociente incremental.

  Luego, $(f + g)'(a) = \lim\limits_{h \to 0} \dfrac{(f + g)(a + h) - (f + g)(a)}{h} = \lim\limits_{h \to 0} \dfrac{f(a + h) + g(a + h) - f(a) - g(a)}{h} =$

  $= \lim\limits_{h \to 0} \left[\dfrac{f(a + h) - f(a)}{h} + \dfrac{g(a + h) - g(a)}{h} \right] = \lim\limits_{h \to 0} \dfrac{f(a + h) - f(a)}{h} + \lim\limits_{h \to 0} \dfrac{g(a + h) - g(a)}{h} = f'(a) + g'(a)$

  Como **a** puede ser cualquier número real, entonces, podemos afirmar que **(f + g)'(x) = f'(x) + g'(x)**

Recordemos que...

- $(a + b)^3 = (a + b)^2 \cdot (a + b) = (a^2 + 2ab + b^2) \cdot (a + b)$

  Si aplicamos la propiedad distributiva de la multiplicación con respecto a la suma, obtenemos lo siguiente: $(a + b)^3 = a^3 + a^2b + 2a^2b + 2ab^2 + b^2a + b^3$
  Luego sumamos y resulta que: $(a + b)^3 = a^3 + 3a^2b + 3ab^2 + b^3$

- $(a + b)(a - b) = a^2 - ab + ba - b^2$, con lo cual: $(a + b)(a - b) = a^2 - b^2$

  Algunas de las propiedades del logaritmo son las siguientes:

- $\log_a b + \log_a c = \log_a (b \cdot c)$
- $\log_a b - \log_a c = \log_a (b : c)$
- $c \log_a b = \log_a (b^c)$

  $\operatorname{sen} (a + b) = \operatorname{sen} a \cos b + \cos a \operatorname{sen} b$ y $\operatorname{sen} (a - b) = \operatorname{sen} a \cos b - \cos a \operatorname{sen} b$.
  Al sumar miembro a miembro estas dos igualdades, obtenemos lo siguiente:
  $\operatorname{sen} (a + b) + \operatorname{sen} (a - b) = 2 \operatorname{sen} a \cos b$ (1). Consideremos $a + b = p$ (2) y $a - b = q$ (3). Si sumamos miembro a miembro las expresiones (2) y (3), resulta que $2a = p + q$. Entonces,

  $a = \dfrac{p - q}{2}$ (4)

  Si restamos miembro a miembro las expresiones (2) y (3), obtenemos $2b = p - q$. Entonces,

  $b = \dfrac{p - q}{2}$ (5)

  Reemplazando en (1) a $a + b$, $a - b$, a y b utilizando las expresiones (2), (3), (4) y (5), respectivamente, resulta que: $\operatorname{sen} p + \operatorname{sen} q = 2 \operatorname{sen} \dfrac{p + q}{2} \cos \dfrac{p - q}{2}$
  De igual forma podemos demostrar que: $\operatorname{sen} p - \operatorname{sen} q = 2 \cos \dfrac{p + q}{2} \operatorname{sen} \dfrac{p - q}{2}$
  $\cos p + \cos q = 2 \cos \dfrac{p + q}{2} \cos \dfrac{p - q}{2}$ y $\cos p - \cos q = -2 \operatorname{sen} \dfrac{p + q}{2} \operatorname{sen} \dfrac{p - q}{2}$

- **Si las funciones f(x) y g(x) son derivables en el valor a, entonces, (f − g) (x) es derivable en el valor a y, además, se verifica que (f − g)' (a) = f'(a) − g'(a)**

  Esta propiedad la podemos demostrar utilizando un razonamiento similar al empleado para demostrar la primera propiedad.
  Luego, como **a** puede ser un número real cualquiera, resulta que $(f - g)'(x) = f'(x) - g'(x)$

  Utilicemos la propiedad anterior en el siguiente ejemplo: si $f(x) = x^3 - \operatorname{sen} x$, entonces, de acuerdo con los resultados obtenidos en el problema **VI**, es $f'(x) = 3x^2 - \cos x$

- **Si g(x), que no es una función constante, es una función derivable en el valor a y f(x) es una función derivable en el valor g(a), entonces, la función (fog)(x) es derivable en el valor a y, además, se verifica que (fog)' (a) = f'[g(a)] . g'(a)**

  Esta propiedad recibe el nombre de **regla de la cadena**.

Demostremos esta propiedad.

Sabemos que si el conjunto imagen de g(x) está incluido en el dominio de f(x) o es igual a él, entonces, es posible hallar la función compuesta de g(x) con f(x), o sea, (fog)(x).

Además, como f(x) es derivable en g(a) y g(x) es derivable en **a**, entonces, resulta que:

$$f'[g(a)] = \lim_{h \to 0} \frac{f(g(a)+h) - f(g(a))}{h} \,_{(1)} \quad y \quad g'(a) = \lim_{h \to 0} \frac{g(a+h) - g(a)}{h} \,_{(2)}$$

Luego, $(fog)'(a) = \lim_{h \to 0} \frac{(fog)(a+h) - (fog)(a)}{h} = \lim_{h \to 0} \frac{f(g(a+h)) - f(g(a))}{h} \,_{(3)}$

Para poder utilizar las expresiones (1) y (2) en la (3), multiplicamos y dividimos el cociente incremental de la expresión (3) por g(a + h) – g(a). Entonces, obtenemos lo siguiente:

$$\lim_{h \to 0} \left[\frac{f(g(a+h)) - f(g(a))}{h} \cdot \frac{g(a+h) - g(a)}{g(a+h) - g(a)} \right] = \lim_{h \to 0} \left[\frac{f(g(a+h)) - f(g(a))}{g(a+h) - g(a)} \cdot \frac{g(a+h) - g(a)}{h} \right] =$$

$$= \lim_{h \to 0} \frac{f(g(a+h)) - f(g(a))}{g(a+h) - g(a)} \cdot \lim_{h \to 0} \frac{g(a+h) - g(a)}{h} \,_{(4)}$$

Si consideramos g(a + h) – g(a) = t, entonces, g(a + h) = g(a) + t, con lo cual t → 0, cuando h → 0

Luego, la expresión (4) es igual a $\left[\lim_{t \to 0} \frac{f(g(a) + t) - f(g(a))}{t} \right] \cdot g'(a) \,_{(5)}$

Si comparamos $\lim_{t \to 0} \frac{f(g(a) + t) - f(g(a))}{t}$ con $\lim_{h \to 0} \frac{f(g(a) + h) - f(g(a))}{h}$

deducimos que ambas expresiones son equivalentes y, por lo tanto, iguales a f'[g(a)]. Entonces, la expresión **(5)** resulta igual a f'[g(a)] . g'(a)

Luego, como **a** puede ser cualquier número real, podemos afirmar que **(fog)'(x) = f'[g(x)] . g'(x)**

Veamos un ejemplo en el que aplicamos la regla de la cadena. Consideremos la función m(x) = sen (x³) y busquemos su función derivada, o sea, m'(x).

Notemos que, dado un valor **x** cualquiera, para hallar m(x) primero debemos elevar **x** al cubo y luego calcular el seno de ese resultado. Observemos esto en el siguiente esquema:

$$x \xrightarrow[\text{lo elevamos al cubo y obtenemos}]{} x^3 \xrightarrow[\text{hallamos el seno de z y obtenemos}]{\text{lo llamamos z}} \text{sen z}$$

La función m(x) es la función compuesta de g(x) = x³ y f(x) = sen z
Es decir, m(x) = f[g(x)] = (fog)(x)

Luego, como g'(x) = 3x² y f'(x) = cos z, entonces, m'(x) = (fog)'(x) = f'[g(x)] . g'(x) =
= cos(g(x)) . 3x² = cos(x³) . 3x²

- **Si las funciones f(x) y g(x) son derivables en el valor a, entonces, (f . g) (x) es derivable en el valor a y, además, se verifica que (f . g)'(a) = f'(a) . g(a) + f(a) . g'(a)**

Demostremos esta propiedad.

Como f(x) y g(x) son derivables en **a**, entonces,

$f'(a) = \lim\limits_{h \to 0} \dfrac{f(a + h) - f(a)}{h}$ (1) y $g'(a) = \lim\limits_{h \to 0} \dfrac{g(a + h) - g(a)}{h}$ (2)

Luego, $(f \cdot g)'(a) = \lim\limits_{h \to 0} \dfrac{(f \cdot g)(a + h) - (f \cdot g)(a)}{h} = \lim\limits_{h \to 0} \dfrac{f(a + h) \cdot g(a + h) - f(a) \cdot g(a)}{h}$

Si en este límite sumamos y restamos f(a + h) . g(a) en el numerador del cociente incremental, entonces, resulta que:

$$\lim\limits_{h \to 0} \dfrac{f(a + h) \cdot g(a + h) - f(a + h) \cdot g(a) + f(a + h) \cdot g(a) - f(a) \cdot g(a)}{h}$$

Si en el numerador de este último límite sacamos factor común f(a + h) y g(a), obtenemos:

$\lim\limits_{h \to 0} \dfrac{f(a + h) \cdot [g(a + h) - g(a)] + g(a) \cdot [f(a + h) - f(a)]}{h} =$

$= \lim\limits_{h \to 0} \left\{ f(a + h) \cdot \dfrac{g(a + h) - g(a)}{h} + g(a) \cdot \dfrac{f(a + h) - f(a)}{h} \right\} =$

$= \lim\limits_{h \to 0} \left\{ f(a + h) \cdot \dfrac{g(a + h) - g(a)}{h} \right\} + \lim\limits_{h \to 0} \left\{ g(a) \cdot \dfrac{f(a + h) - f(a)}{h} \right\} =$

$= \lim\limits_{h \to 0} f(a + h) \cdot \lim\limits_{h \to 0} \dfrac{g(a + h) - g(a)}{h} + \lim\limits_{h \to 0} g(a) \cdot \lim\limits_{h \to 0} \dfrac{f(a + h) - f(a)}{h}$ (3)

Como f(x) y g(x) son derivables en **a**, entonces, son continuas en **a**. Con lo cual,
$\lim\limits_{h \to 0} f(a + h) = f(a)$ (4) y $\lim\limits_{h \to 0} g(a) = g(a)$ (5)

Luego, considerando las expresiones (1), (2), (4) y (5), la expresión (3) es igual a:
$f(a) \cdot g'(a) + g(a) \cdot f'(a)$
Luego, como **a** puede ser un número real cualquiera, resulta que:
(f . g)'(x) = f'(x) . g(x) + f(x) . g'(x)
Por ejemplo, la función derivada de h(x) = sen x . (x³ + 3) es h'(x) =
= (sen x)' . (x³ + 3) + sen x . (x³ + 3)' = cos x . (x³ + 3) + sen x . (3x² + 0)

Observemos que si en (f . g)(x) es f(x) = k, con k ∈ **R**, y g(x) es cualquier función, como f'(x) = 0
resulta que (f . g)'(x) = (f(x) . g(x))' = (k . g(x))' = 0 . g(x) + k . g'(x) = k . g'(x)

- **Si las funciones f(x) y g(x) son derivables en cualquier valor de sus respectivos dominios y g(x) ≠ 0 para cualquier valor de x perteneciente al dominio de g(x), entonces, se verifica que:**

$$\left(\dfrac{f}{g} \right)'(x) = \dfrac{f'(x) \cdot g(x) - f(x) \cdot g'(x)}{[g(x)]^2}$$

Para demostrar esta propiedad, expresamos la función $\left(\dfrac{f}{g} \right)(x)$ de otra manera:

$\left(\dfrac{f}{g} \right)(x) = \dfrac{f(x)}{g(x)} = f(x) \cdot \dfrac{1}{g(x)}$, con lo cual obtenemos un producto entre dos funciones y, entonces, podemos utilizar la propiedad anterior para hallar $\left(\dfrac{f}{g} \right)'(x)$

Determinemos la función derivada de $\frac{1}{g(x)}$, a la cual llamaremos $\left(\frac{1}{g(x)}\right)'$. Como $\frac{1}{g(x)}$ es una función compuesta, podemos hacer el siguiente esquema:

Por lo tanto, resulta que $\left(\frac{1}{g(x)}\right)' = g'(x) \cdot \left(-\frac{1}{x^2}\right) = \frac{-g'(x)}{[g(x)]^2}$

Luego $\left(\frac{f}{g}\right)'(x) = f'(x) \cdot \frac{1}{g(x)} + f(x) \cdot \left(\frac{-g'(x)}{[g(x)]^2}\right) = \frac{f'(x) \cdot g(x) - f(x) \cdot g'(x)}{[g(x)]^2}$

Derivada logarítmica

En muchas ocasiones, para hallar funciones derivadas, es útil usar la regla de la cadena en $(f \circ g)(x)$ siendo $f(x) = \ln x$.

Veamos un ejemplo. Hallemos la función derivada de $m(x) = 3^{\operatorname{sen} x}$ (1). Para ello, apliquemos logaritmo natural a ambos miembros de (1): $\ln[m(x)] = \ln(3^{\operatorname{sen} x})$. Entonces, utilizando una de las propiedades del logaritmo, resulta que $\ln[m(x)] = \operatorname{sen} x \cdot \ln 3$ (2).

Debemos obtener la función derivada de cada miembro de la expresión (2).

Como $\ln[m(x)]$ es una función compuesta, entonces, para hallar su función derivada utilizamos la regla de la cadena. Luego, la función derivada del primer miembro de la igualdad (2) es:

$(\ln[m(x)])' = \frac{1}{m(x)} \cdot m'(x)$ (3)

La función derivada del segundo miembro de la expresión (2) es $(\ln 3 \cdot \operatorname{sen} x)' = \ln 3 \cdot (\operatorname{sen} x)' = \ln 3 \cdot \cos x$ (4)

En virtud de la igualdad (3) y de las expresiones (3) y (4), concluimos lo siguiente:

$\frac{1}{m(x)} \cdot m'(x) = \ln 3 \cdot \cos x \Rightarrow m'(x) = m(x) \cdot \ln 3 \cdot \cos x \Rightarrow m'(x) = 3^{\operatorname{sen} x} \cdot \ln 3 \cdot \cos x$

El método que utilizamos para hallar $m'(x)$ se llama **derivada logarítmica**.

Recordemos que...

El número neperiano e se puede definir de la siguiente manera:
$$e = \lim_{h \to 0} (1 + h)^{\frac{1}{h}}$$

Funciones derivadas de funciones elementales

- **Si $f(x) = k$, con $k \in \mathbb{R}$, entonces, $f'(x) = 0$**

- **Si $f(x) = x$, entonces, $f'(x) = 1$**

- **Si $f(x) = \ln x$, entonces, $f'(x) = \dfrac{1}{x}$**

- **Si $f(x) = \cos x$, entonces, $f'(x) = -\operatorname{sen} x$**

- **Si $f(x) = \operatorname{sen} x$, entonces, $f'(x) = \cos x$**

- **Si $f(x) = x^n$, con $n \in \mathbb{R}$, entonces, $f'(x) = n \cdot x^{n-1}$**
  Demostremos esta última afirmación para $x > 0$ utilizando la derivada logarítmica.
  Si $f(x) = x^n \Rightarrow \ln[f(x)] = \ln x^n = \ln[f(x)] = n \cdot \ln x$. Luego, obtenemos los siguientes: $(\ln[f(x)])' = (n \cdot \ln x)' \Rightarrow$
  $\Rightarrow \dfrac{1}{f(x)} \cdot f'(x) = n \cdot \dfrac{1}{x} \Rightarrow f'(x) = f(x) \cdot n \cdot \dfrac{1}{x} \Rightarrow f'(x) = x^n \cdot n \cdot x^{-1} = n \cdot x^{n-1}$
  Esta afirmación también es cierta para cualquier valor de x del dominio de $f(x)$.

- **Si $f(x) = e^x$, entonces, $f'(x) = e^x$**
  Para demostrar esta afirmación, utilizamos la derivada logarítmica. Luego, resulta que:
  si $f(x) = e^x \Rightarrow \ln[f(x)] = \ln e^x \Rightarrow \ln[f(x)] = x \cdot \ln e \Rightarrow \ln[f(x)] = x$. Por lo tanto, resulta que:
  $(\ln[f(x)])' = (x)' \Rightarrow \dfrac{1}{f(x)} \quad f'(x) = 1 \Rightarrow f'(x) = f(x) \Rightarrow f'(x) = e^x$

- **Si $f(x) = a^x$, con $a > 0$ y $a \neq 1$, entonces, $f'(x) = a^x \cdot \ln a$**

- **Si $f(x) = \log_a x$, con $a > 0$ y $a \neq 1$, entonces, $f'(x) = \dfrac{1}{x \cdot \ln a}$**

  Demostremos esta afirmación. Para ello, en la expresión de $f(x)$ cambiamos la base a del logaritmo considerando como nueva base el número e. Luego, utilizando la fórmula para el cambio de base del logaritmo, resulta que $f(x) = \log_a x = \dfrac{\ln x}{\ln a} = \dfrac{1}{\ln a} \cdot \ln x$

  Entonces, como $\dfrac{1}{\ln a}$ es un número real, $f'(x) = \dfrac{1}{\ln a} \cdot (\ln x)' = \dfrac{1}{\ln a} \cdot \dfrac{1}{x} = \dfrac{1}{x \cdot \ln a}$

Problema VII

a. Sabemos que, conociendo la función que vincula la distancia a un punto con el tiempo de marcha, la velocidad instantánea del móvil a los 4 segundos se puede calcular a través de la derivada de dicha función en $t = 4$

Como $d(t) = \dfrac{16}{t} + 4 \cdot t = 16 \cdot t^{-1} + 4 \cdot t$, entonces, $d'(t) = -16 \cdot t^{-2} + 4$

Luego, el valor de $d_r(t)$ en $t = 4$ es el siguiente: $d'(4) = -16 \cdot 4^{-2} + 4 = -16 \cdot \dfrac{1}{16} + 4 = 3$. Por lo tanto, a los 4 segundos de marcha, la velocidad del móvil fue de $3 \, \dfrac{cm}{seg}$

b. La aceleración media de un móvil es el cociente entre la variación de la velocidad instantánea y el tiempo transcurrido. Si el intervalo de tiempo transcurrido es cada vez más pequeño, es decir, tiende a cero, entonces, la aceleración instantánea del móvil en un instante **t** cualquiera es la siguiente: $a(t) = \lim\limits_{h \to 0} \dfrac{Vi(t + h) - Vi(t)}{h}$

Pero, como $Vi(t) = d'(t)$, entonces, $a(t) = \lim\limits_{h \to 0} \dfrac{d'(t+h) - d'(t)}{h}$

Esto significa que la aceleración instantánea es la función derivada de la función derivada de d(t). Esa nueva función derivada recibe el nombre de **función derivada segunda de d(t)** y se denota d''(t). Por lo tanto, $a(t) = d''(t)$

En el problema **VII**, como $d'(t) = -16 \cdot t^{-2} + 4$, entonces, $d''(x) = -16 \cdot (-2)t^{-2-1} + 0 = 32 \cdot t^{-3}$. Luego, cuando t = 10, resulta que $d''(10) = 32 \cdot 0,001 = 0,032$. Por lo tanto, la aceleración instantánea del móvil a los 10 segundos era de $0,032 \; \dfrac{cm}{seg^2}$

Observen que en el problema **VII**, la velocidad se mide en $\dfrac{cm}{seg}$ y el tiempo está expresado en segundos. Luego, como la aceleración es el cociente entre la variación de la velocidad y la variación del tiempo, entonces, en el problema **VII**, la aceleración instantánea se mide en $\dfrac{\frac{cm}{seg}}{seg}$, o sea en $\dfrac{cm}{seg^2}$

Funciones derivadas sucesivas

En el problema anterior, necesitábamos hallar la función derivada segunda. También, de una función f(x) cualquiera se pueden calcular las funciones derivada tercera (hallando la función derivada de f''(x)), derivada cuarta (hallando la función derivada de f'''(x)) y así sucesivamente. A estas nuevas funciones se las llama **funciones derivadas sucesivas de la función f(x).**

Por ejemplo, consideremos la función $f(x) = x^4 + 8x^2 + 9$. Algunas de las funciones derivadas sucesivas de f(x) son: $f'(x) = 4x^3 + 16x$ (función derivada primera de f(x)); $f''(x) = 12x^2 + 16$ (función derivada segunda de f(x)); $f'''(x) = 24x$ (función derivada tercera de f(x)).

Problema VIII

Grafiquemos la función $f(x) = \sqrt{x}$ y la recta tangente a su gráfico en el punto cuya abscisa es 4.

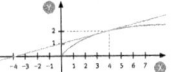

En el gráfico, observamos que en un entorno de 4, la recta tangente es una aproximación de la función $f(x) = \sqrt{x}$. Es decir, para cualquier valor muy próximo a 4, su imagen a través de f(x) es aproximadamente igual a la que se obtiene por medio de la recta tangente.

Por lo tanto, para obtener un resultado aproximado de $\sqrt{4,1}$, debemos hallar la ecuación de dicha recta tangente. Para ello, calculemos primero su pendiente. Como $f'(x) = \dfrac{1}{2\sqrt{x}}$, entonces, la pendiente de la recta tangente es $f'(4) = \dfrac{1}{4}$

Luego, la ecuación de la recta tangente es $y = \frac{1}{4}x + b$, donde **b** es la ordenada al origen. Además, la recta tangente pasa por el punto (4; f(4)), es decir, por el punto (4; 2), con lo cual para $x = 4$ es $y = 2$. Luego, reemplazando estos valores en $y = \frac{1}{4}x + b$, obtenemos que $2 = \frac{1}{4} \cdot 4 + b \Rightarrow b = 1$. Por lo tanto, la ecuación de la recta tangente es $y = \frac{1}{4}x + 1$

Luego, si $x = 4{,}1$, entonces, su imagen a través de la recta tangente es $y = \frac{1}{4} \cdot 4{,}1 + 1 = 2{,}025$. Este valor es una aproximación de $\sqrt{4{,}1}$. Por lo tanto, resulta que $\sqrt{4{,}1} \approx 2{,}025$

Consideremos una función f(x) cualquiera, un valor **a**, otro valor **b** muy cercano a **a**, las imágenes de ambos valores a través de f(x) y la recta tangente al gráfico de f(x) en el punto (a; f(a)). Grafiquemos la situación.

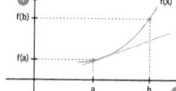

¿Cuál es el error cometido al calcular la imagen de **b** a través de la recta tangente al gráfico de f(x) en (a; f(a)), en lugar de calcularla a través de f(x)?

La pendiente de la recta tangente al gráfico de f(x) en el punto (a; f(a)) es f'(a). Luego, la ecuación de la recta tangente es $y = f'(a) \cdot (x - a) + f(a)$. El error cometido al calcular la imagen de **b** a través de la recta tangente es el siguiente: error = valor real − valor aproximado, es decir:

$$\text{error} = f(b) - [f'(a) \cdot (b - a) + f(a)] \ (1)$$

Como **b** es un valor cercano a **a**, llamamos Δx (delta de **x**) al valor que, sumado o restado a **a**, da **b**. Luego, si $b = a + \Delta x$ (2) $\Rightarrow b - a = \Delta x$ (3). Reemplazando las expresiones (2) y (3) en la expresión (1), resulta que error $= f(a + \Delta x) - [f'(a) \cdot \Delta x + f(a)] = f(a + \Delta x) - f(a) - f'(a) \cdot \Delta x$

Luego, si **b** es cada vez más próximo a **a**, entonces, el error cometido tiende a cero, con lo cual: $f(a + \Delta x) - f(a)$ es aproximadamente igual a $f'(a) \cdot \Delta x$. O sea, $f(a + \Delta x) - f(a) \cong f'(a) \cdot \Delta x$. La expresión $f'(a) \cdot \Delta x$ se llama **diferencial de f(x) en el valor a** y se denota **df(a)**. Es decir que **df(a) = f'(a) · Δx** (4)

Consideremos la función $f(x) = x$ y calculemos su diferencial en cualquier valor de **x**. Como $f'(x) = 1$ para cualquier valor de **x**, entonces, $df(x) = f'(x) \cdot \Delta x = 1 \cdot \Delta x = \Delta x$ (5). Luego, por ser $f(x) = x$ es $df(x) = dx$ (6). De las expresiones (5) y (6) resulta que $\Delta x = dx$. Por lo tanto, la expresión (4) resulta $df(a) = f'(a) \cdot dx$

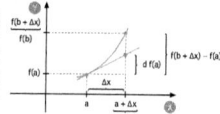

Diferencial de una función en un valor

Llamamos diferencial de la función f(x) en el valor a, y lo denotamos df(a), a $f'(a) \cdot dx$
Es decir, $df(a) = f'(a) \cdot dx$.

1. Consideren la función $d(t) = -t^3 + 8t^2 + 5\,t$, que relaciona la distancia (d) a la ciudad de San Juan de un camión, medida en metros, con el tiempo de marcha (t), medido en segundos.

a. Calculen la velocidad media entre los 2 y 3 segundos.

b. ¿Habrá algún instante en que el camión estuvo parado? ¿Cuál?

c. ¿Cuánto tiempo después de haber comenzado la marcha el camión alcanza una velocidad instantánea de $10\,\dfrac{cm}{seg}$?

2. Propongan, en la carpeta, el gráfico de dos funciones que sean continuas en 4, pero que, por causas diferentes, no sean derivables en ese valor.

3. Dibujen, en la carpeta, el gráfico de una función f(x) que verifique las siguientes condiciones: la recta tangente al gráfico de f(x) en el punto de abscisa −2 es horizontal; la recta tangente al gráfico de f(x) en el punto de abscisa 5 es paralela a la recta y = x, y f(x) no es derivable en 0.

4. Hallen los puntos (x; y) donde la recta tangente al gráfico de $f(x) = x^3 - 2x + 3$ es:

a. paralela a la recta y = x − 9

b. perpendicular a la recta $y = -\dfrac{3}{2}x + 5$

c. horizontal.

5. ¿En qué puntos (x; y) la recta tangente al gráfico de $f(x) = x^3 + 7x^2 + 15x$ es horizontal? Justifiquen su respuesta.

6. La recta tangente al gráfico de f(x) en el punto (1; f(1)) es y = 2x + 3. Calculen f(1) y f'(1).

7. Escriban las ecuaciones de las rectas tangentes al gráfico de $f(x) = \dfrac{1}{x-3}$ en los puntos donde f(x) se corta con $g(x) = \dfrac{x^2 - 3}{x - 3}$

8. Obtengan la función derivada de las siguientes funciones:

a. $a(x) = \dfrac{1}{x^2 - 4}$

d. $f(x) = \dfrac{\sqrt{3x + 5}}{e^x}$

b. $b(x) = (x+3)(x^3 + 5)$

e. $g(x) = \cos(3x^2 + 5x)$

c. $c(x) = 3^x \cdot \operatorname{sen} x$

f. $h(x) = \ln\left(\dfrac{1 - \cos x}{1 + \cos x}\right)$

9. Hallen la función derivada segunda de las siguientes funciones:

a. $a(x) = (x + 3)^3$

b. $b(x) = \sqrt{x^5 - 5}$

c. $c(x) = \operatorname{sen}(4x^4 + 6x^3)$

d. $d(x) = \dfrac{3x^2 - 2}{x + 1}$

10. Consideren la función $f(x) = \cos(2x + 3)$ y obtengan la función derivada de:

a. $a(x) = \ln(f(x))$

b. $b(x) = e^{f(x)}$

c. $c(x) = \operatorname{sen}(f(x))$

11. Determinen un valor aproximado de $\cos 31°$, sabiendo que $\cos 30° = \dfrac{\sqrt{3}}{2}$

Estudio de funciones sencillas

Al modelizar situaciones en disciplinas como Economía, Biología o Arquitectura, entre otras, se utilizan funciones cuyo comportamiento es necesario conocer. El análisis de las funciones derivadas de esas funciones permite realizar un estudio adecuado y, en consecuencia, tomar decisiones concernientes a la disciplina en cuestión.

Aplicaciones de la función derivada

Problema 1

Una función f(x) tiene el siguiente gráfico:

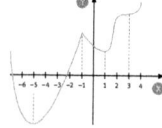

A partir del gráfico de f(x), determinen lo siguiente:

a. Los intervalos de crecimiento y decrecimiento de la función.

b. Los máximos y los mínimos relativos y absolutos de f(x).

c. Los valores de x en los cuales f(x) no es derivable.

d. Los puntos en donde la recta tangente al gráfico de f(x) es horizontal.

e. Las abscisas de los puntos en los cuales la recta tangente al gráfico de f(x) tiene pendiente positiva.

f. Los valores de x en los cuales la función derivada de f(x) es negativa.

1. El gráfico que figura a continuación corresponde a una función f(x).

Observando el gráfico de f(x), contesten las siguientes preguntas:

a. ¿Cuál es el dominio de f(x)?

b. ¿En qué valores de x la función no es continua? ¿Qué tipo de discontinuidad tiene f(x) en esos valores?

c. ¿Cuáles son los valores de x en los cuales la función no es derivable?

d. ¿Para qué valores de x la función derivada de f(x) es 0?

e. ¿En qué valores de x la función f(x) tiene máximos o mínimos relativos?

f. ¿Cuáles son los intervalos de crecimiento y de decrecimiento de f(x)?

2. Una función f(x) tiene el siguiente gráfico:

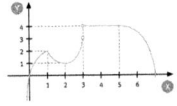

A partir del gráfico de f(x), determinen:

a. Los valores de **x** para los cuales f'(x) > 0.
b. Los valores de **x** en los cuales f'(x) < 0.
c. Los puntos estacionarios de la función f(x).
d. Los extremos relativos de f(x).

3. El gráfico de la función derivada de una función f(x) es el siguiente:

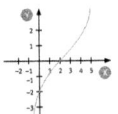

Observando el gráfico, decidan si cada una de las siguientes afirmaciones es verdadera o falsa. Justifiquen sus respuestas.

a. La función f(x) es creciente en **R**.

b. En x = 2, la función f(x) tiene un mínimo relativo.

Problema II

La función T(x) = 2x³ - 21x² + 60x - 6 permite calcular la temperatura, expresada en grados centígrados, de una sustancia en función del tiempo, expresado en minutos.

a. Determinen cuándo aumenta la temperatura y cuándo disminuye.
b. ¿En qué momentos la temperatura alcanza un máximo o un mínimo relativo?
c. Grafiquen aproximadamente la función T(x).

4. El gráfico que figura a continuación corresponde a la función derivada de una función f(x). Analizando el gráfico, obtengan:

a. Los intervalos de crecimiento y de decrecimiento de f(x).

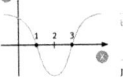

b. Los valores de **x** en los cuales la función f(x) tiene máximos o mínimos relativos.

Justifiquen sus respuestas.

5. Determinen si el siguiente gráfico puede ser el de la función derivada de una función que es decreciente en todo su dominio. Justifiquen su respuesta.

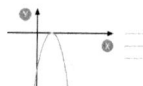

_____
_____
_____
_____

6. Para cada una de las funciones que se indican, hallen el dominio, los intervalos de positividad y de negatividad, los intervalos de crecimiento y de decrecimiento, y los máximos y mínimos relativos.

a. $f(x) = x^3 - 8x^2$

b. $g(x) = (x - 2)^2 (x + 1)^2$

_____   _____
_____   _____
_____   _____
_____   _____

7. Consideren el siguiente gráfico que corresponde a una función f'(x), es decir, a la función derivada de f(x), y respondan:

¿Es posible que el gráfico de la función f(x) sea el que figura a continuación? Justifiquen su respuesta.

_____
_____
_____
_____

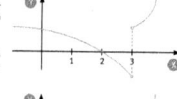

8. Si la función f(x) es derivable y creciente en todos los números reales, y la función g(x) es g(x) = f(x² - 12x), determinen los intervalos de crecimiento y de decrecimiento de g(x).

_____

9. Calculen los valores de **a**, **b** y **c** si se verifica que la función $f(x) = a x + b + c e^{-x}$ tiene un extremo relativo en x = 0 y f'(ln2) = 6

_____
_____

Problema III

El siguiente gráfico corresponde a la función derivada de una función f(x).

a. A partir del gráfico de f'(x), indiquen los intervalos de crecimiento y de decrecimiento, los máximos y los mínimos relativos, los intervalos de concavidad y los puntos de inflexión de f(x).

b. Realicen un gráfico aproximado de una posible función f(x).

10. a. Determinen los intervalos de concavidad de las funciones del ejercicio 6.

b. Grafiquen, en la carpeta, aproximadamente cada una de las funciones anteriores utilizando la información obtenida en el ítem a. y en el ejercicio 6.

11. Grafiquen, en la carpeta, una función f(x) que tenga como dominio a Dom f = $\mathbb{R}$ − {−3}, que sea derivable en todos los valores de su dominio y que verifique simultáneamente las siguientes condiciones:

f(2) = 0, f(5) = 0, $\lim_{x \to 3} f(x) = +\infty$, $\lim_{x \to 3} f(x) = -\infty$, $\lim_{x \to +\infty} f(x) = -\infty$, $\lim_{x \to -\infty} f(x) = +\infty$

f'(x) > 0 en (−∞; −3) ∪ (−3 ; 3), f'(x) < 0 en (3; +∞)

f''(x) > 0 en (−∞; −3) ∪ (1; 2,5) y f''(x) < 0 en (−3; 1) ∪ (2,5; +∞)

12. Si la función h(x) = [f(x)]² − 1 está definida en el intervalo [0; 4] y el gráfico de f(x) es el que figura a continuación, obtengan los intervalos de crecimiento y decrecimiento, y los máximos y mínimos relativos de h(x).

Problema IV

Una fuente chata, de forma rectangular, puede apoyarse sobre un posafuentes de 50 cm de diámetro sin sobresalir de él.
¿Cuáles son las dimensiones de la fuente si esta debe tener la mayor área posible?

Problema V

Se necesita fabricar una lata cilíndrica de 150 cm³ de capacidad utilizando la menor cantidad de hojalata posible.
¿Qué dimensiones debe tener la lata?

13. Consideren la función $g(x) = \dfrac{4x + 3}{x^2 + 2}$ y determinen lo siguiente:

a. El dominio de $g(x)$.
b. Las asíntotas verticales, horizontales y oblicuas, si existen.
c. Los ceros de la función, y los intervalos de positividad y negatividad.
d. Los intervalos de crecimiento y decrecimiento, y los máximos y mínimos relativos.
e. Los intervalos de concavidad.
f. Un gráfico aproximado de $g(x)$.

14. El siguiente gráfico corresponde a la función aceleración de un móvil respecto del tiempo (t).

Observando el gráfico, contesten las siguientes preguntas:

a. ¿En qué períodos de tiempo la velocidad instantánea disminuye?

b. ¿En qué períodos de tiempo la velocidad instantánea aumenta?

15. Demuestren que si $f(x)$ es una función polinómica de grado 3, es decir:
$f(x) = ax^3 + bx^2 + cx + d$, entonces, tiene exactamente un punto de inflexión.

16. Verifiquen que la función $g(x) = e^{x^3}$ tiene dos puntos de inflexión.

17. Demuestren que la función $h(x) = x^{10} + 3x^6 + x^2$ no tiene puntos de inflexión y es cóncava hacia arriba en todo su dominio.

18. Hallen los puntos del gráfico de la función $f(x) = x^3 + x + 8$ en los cuales la recta tangente al gráfico de $f(x)$ tenga la mínima pendiente posible.

19. ¿Cuáles son las dimensiones del rectángulo de menor perímetro entre todos los rectángulos de 1 m² de área?

20. El gráfico que figura a continuación muestra un rectángulo inscripto en el gráfico de $f(x) = 32 - 2x^2$, en el primer cuadrante.

    ¿Cuál es el área del mayor rectángulo que puede inscribirse en las condiciones anteriormente mencionadas?

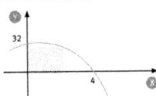

21. Encuentren los puntos que pertenecen a la recta $y = -2x + 3$ y que están más próximos al origen de coordenadas.

22. En el siguiente gráfico, figura un rectángulo que tiene dos lados apoyados, respectivamente, en los semiejes positivos de las abscisas y de las ordenadas, y el vértice restante sobre la recta de ecuación $2x + 3y = 6$

    Entre todos los rectángulos que cumplen las condiciones anteriores, hallen las dimensiones del que tiene área máxima y del que tiene área mínima.

Problema VI

Calculen los límites:

a. $\lim_{x\to 0} \dfrac{\text{sen}(2x^2 + x)}{x} =$

b. $\lim_{x\to 0} \dfrac{e^x - e^{-x} - 2x}{\text{sen } x - x} =$

c. $\lim_{x\to \infty} \dfrac{\ln x + x}{x^2 + 2} =$

d. $\lim_{x\to 1} (x - 1) \cdot \ln(x - 1) =$

21. Obtengan el valor de los siguientes límites:

a. $\lim_{x\to 0} \dfrac{e^x - 1}{2\,\text{sen}(5x)} =$

b. $\lim_{x\to 1} \dfrac{\ln x}{\text{sen}(\pi x)} =$

24. Calculen los siguientes límites:

a. $\lim_{x\to \infty} \dfrac{e^x - e^{-x}}{e^x + e^{-x}} =$

b. $\lim_{x\to 0^+} \dfrac{e^x + \ln x}{e^x + e^{-x}} =$

c. $\lim_{x\to \infty} x - 2\ln x =$

d. $\lim_{x\to 0} \dfrac{x\,\text{sen } x}{x\cos x + \text{sen } x - 2x} =$

Problema VII

Consideren las siguientes funciones:

a. $f(x) = (x + 2) \cdot e^x$

b. $g(x) = \dfrac{x^2}{(x - 1)^2}$

Realicen el estudio completo de cada una de ellas. Es decir, para cada una de las funciones anteriores, obtengan:

I.   El dominio.
II. Los valores en los cuales la función es discontinua.
III. Las asíntotas verticales, horizontales y oblicuas, si existen.
IV. Los intervalos de positividad y negatividad.
V.   Los intervalos de crecimiento y decrecimiento, y los máximos y mínimos relativos.
VI. Los intervalos de concavidad y los puntos de inflexión.

25. Para la función f(x) = (x − 2) . e⁻ˣ, determinen lo siguiente:
   a. El dominio.
   b. Las asíntotas verticales, horizontales y oblicuas, si existen.
   c. Los ceros, y los intervalos de positividad y negatividad.
   d. Los intervalos de crecimiento y decrecimiento, y los máximos y mínimos relativos.
   e. Los intervalos de concavidad y los puntos de inflexión.
   f. Un gráfico aproximado de la función.

26. Para la función g(x) = eˣ − e⁻ˣ, encuentren lo siguiente:
   a. El dominio.
   b. Las asíntotas verticales, horizontales y oblicuas, si existen.
   c. Los ceros, y los intervalos de positividad y negatividad.
   d. Los intervalos de crecimiento y decrecimiento, y los máximos y mínimos relativos.
   e. Los intervalos de concavidad y los puntos de inflexión.
   f. Un gráfico aproximado de g(x).

27. Para h(x) = $\dfrac{e^x}{x+1}$, encuentren lo siguiente:

   a. El dominio.
   b. Las asíntotas verticales, horizontales y oblicuas, si existen.
   c. Los ceros, y los intervalos de positividad y negatividad.
   d. Los intervalos de crecimiento y decrecimiento, y los máximos y mínimos relativos.
   e. Los intervalos de concavidad y los puntos de inflexión.
   f. Un gráfico aproximado de h(x).

Grafiquen las siguientes funciones con el programa Graphmatica y mirando el gráfico, para cada una de ellas determinen:

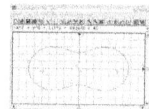

a. El dominio.

b. Las asíntotas verticales, horizontales y oblicuas, si existen.

c. Los ceros, y los intervalos de positividad y negatividad.

d. Los intervalos de crecimiento y decrecimiento, y los máximos y mínimos relativos.

e. Los intervalos de concavidad y los puntos de inflexión.

1. $f(x) = \dfrac{x^2 + x - 1}{x - 1}$

4. $i(x) = \operatorname{tg} x$

2. $g(x) = x \cdot e^{-x}$

5. $j(x) = \dfrac{2x^4 + 3x^2 - 5}{x^3 - 1}$

3. $h(x) = (x - 1)^2 (x + 2)^2$

6. $k(x) = \ln (x - 3)$

Aplicaciones de la función derivada

Problema I
Antes de comenzar a resolver el problema I, recordemos las siguientes definiciones:

Intervalos de crecimiento y decrecimiento

- Un intervalo abierto I es un **intervalo de crecimiento** de la función f(x) si I está incluido en el dominio de f(x) y, además, para cualquier par de valores a y b pertenecientes a I, con a < b, se verifica que f(a) < f(b).
- Un intervalo abierto I es un **intervalo de decrecimiento** de la función f(x) si I está incluido en el dominio de f(x) y, además, para cualquier par de valores a y b pertenecientes a I, con a < b, se verifica que f(a) > f(b).

Máximos y mínimos

- La función f(x) alcanza un **máximo relativo** en x = c si existe, en el dominio de f(x), un intervalo I al que pertenece c y en el cual, para cualquier valor de x distinto de c, se verifica que f(x) < f(c).
- La función f(x) alcanza un **mínimo relativo** en x = c si existe, en el dominio de f(x), un intervalo I al que pertenece c y en el cual, para cualquier valor de x distinto de c, se verifica que f(x) > f(c).
- La función f(x) alcanza un **máximo absoluto** en x = c si c pertenece al dominio de f(x) y para cualquier valor de x perteneciente a dicho dominio, pero distinto de c, se verifica que f(x) < f(c).
- La función f(x) alcanza un **mínimo absoluto** en x = c si c pertenece al dominio de f(x) y para cualquier valor de x perteneciente a dicho dominio, pero distinto de c, se verifica que f(x) > f(c).
- El valor c es un **extremo relativo/absoluto** si es máximo o mínimo relativo/absoluto.

a. La función f(x) es creciente en (−5 ; −1) ∪ (1; +∞) y es decreciente en (−∞; −5) ∪ (−1; 1).
b. En x = 1 la función alcanza un mínimo relativo; y en x = −5, un mínimo absoluto. Además, f(x) tiene un máximo relativo en x = −1 y no posee máximo absoluto.

c. En el gráfico de f(x) observamos que (−1; f(−1)) es un "punto anguloso", con lo cual f(x) no es derivable en −1. En los demás valores del dominio, la función f(x) es derivable.

d. La recta tangente es horizontal en los puntos (−5; f(−5)), (1; f(1)) y (3; f(3)). Estos puntos se llaman **puntos estacionarios**.

Punto estacionario

El punto $(c_i; f(c_i))$ es un **punto estacionario** de la función $f(x)$ si $f'(c_i) = 0$

De los ítem **b.**, **c.** y **d.** podemos concluir que en las abscisas de los puntos estacionarios y en los valores donde la función no es derivable, hay "posibles" máximos o mínimos. Decimos que son posibles pues $(3; f(3))$ es un punto estacionario y, sin embargo, en $x = 3$ la función no tiene un máximo ni un mínimo.

Valor crítico

Llamamos **valor crítico** al valor en el cual posiblemente la función tiene un máximo o un mínimo.

e. Para poder determinar lo que se pide en el ítem **e.**, tracemos varias rectas tangentes al gráfico de f(x):

Observamos que las rectas tangentes con pendiente positiva, es decir, crecientes, son rectas tangentes al gráfico de f(x) en puntos cuyas abscisas pertenecen al intervalo $(-5; -1)$ o al intervalo $(1; +\infty)$, es decir, al conjunto $(-5; -1) \cup (1; +\infty)$. Notemos que estos intervalos coinciden con los intervalos de crecimiento de f(x).

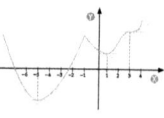

f. Para determinar los valores de **x** en los cuales f'(x) es negativa, debemos tener presente que la derivada de f(x) en un valor **a** es la pendiente de la recta tangente al gráfico de f(x) en el punto $(a; f(a))$. Por lo tanto, debemos hallar los valores de **x** que son abscisas de los puntos en donde la recta tangente al gráfico de f(x) tiene pendiente negativa, es decir, es decreciente. Observando el gráfico anterior, obtenemos que los valores de **x** buscados son los que pertenecen al conjunto $(-\infty; -5) \cup (-1; 1)$. Notemos que estos intervalos coinciden con los intervalos de decrecimiento de la función.

Conclusión

- Una función f(x) es creciente en un intervalo I de su dominio si y solo si, para cualquier valor c que pertenece a I, la pendiente de la recta tangente al gráfico de f(x) en el punto $(c; f(c))$ es positiva. Esto quiere decir que f'(c) > 0 para cualquier valor c que pertenece a I.
- Una función f(x) es decreciente en un intervalo I de su dominio si y solo si, para cualquier valor c que pertenece a I, la pendiente de la recta tangente al gráfico de f(x) en el punto $(c; f(c))$ es negativa. Esto quiere decir que f'(c) < 0 para cualquier valor c que pertenece a I.
- En el valor c donde la función f(x) tiene un extremo (absoluto o relativo), se verifica que $f'(c) = 0$ o $f'(c)$ no existe.

Problema II

En este problema debemos tener en cuenta que como **x** es el tiempo, entonces, Dom T = [0; +∞).

a. Utilicemos la conclusión anterior para determinar los intervalos de crecimiento y de decrecimiento de T(x). Es decir, hallemos los intervalos de positividad y de negatividad de T'(x).
Al calcular la función derivada de T(x) obtenemos lo siguiente: $T'(x) = 6x^2 - 42x + 60$.
Luego, para determinar los intervalos de positividad y de negatividad de T'(x), buscamos sus ceros y, por ser T(x) una función continua en cualquier valor de su dominio porque es una función polinómica, utilizamos el teorema de la conservación del signo.
Si $T'(x) = 0 \Rightarrow 6x^2 - 42x + 60 = 0 \Rightarrow x = 2$ o $x = 5$. Por lo tanto, T'(x) puede cambiar de signo en x = 2 y en x = 5.
Consideremos, en el dominio de T(x), los intervalos [0; 2), (2; 5) y (5; +∞), y hallemos la derivada de T(x) en un valor cualquiera de cada intervalo, por ejemplo, en 1, en 3 y en 6. Luego, obtenemos que T'(1) > 0, T'(3) < 0 y T'(6) > 0. Usando esta información y las definiciones de intervalo de crecimiento e intervalo de decrecimiento, confeccionamos la siguiente tabla:

Luego, la temperatura aumenta donde T(x) crece, o sea, en [0; 2) ∪ (5; +∞), y disminuye donde T(x) decrece, es decir, en (2; 5).

b. Como Dom T = [0; +∞) y a partir de x = 0 la función comienza a crecer, entonces, en x = 0 la función T(x) alcanza un mínimo relativo.
Por lo tanto, una función también posee valores críticos en los extremos del intervalo cerrado en el cual está definida. En un entorno de 2, la temperatura aumenta para valores menores que 2 y disminuye para valores mayores que 2. Por lo tanto, la temperatura alcanza un máximo relativo en x = 2. En un entorno de 5, la temperatura disminuye para valores menores que 5 y aumenta para valores mayores que 5. Por lo tanto, la temperatura alcanza un mínimo relativo en x = 5.

c. Como T(x) es una función continua en cualquier valor de su dominio, entonces a los puntos (0; –6), (2; 46) y (5; 19) los podemos unir mediante un trazo continuo, teniendo en cuenta los intervalos de crecimiento y decrecimiento hallados en el ítem **a.** Sin embargo, a pesar del dato que proporcionan esos intervalos, podemos dibujar la función de diferentes maneras.

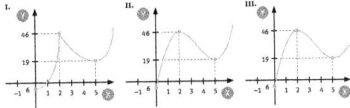

De los gráficos anteriores, ¿cuál es el que le corresponde a T(x)? Observemos que el gráfico 1. posee un punto anguloso. Por lo tanto, dicho gráfico no puede corresponder a T(x), pues esta función, por ser polinómica, es derivable en todos los valores de su dominio. Luego, debemos decidir cuál de los dos gráficos restantes le corresponde a T(x). Para ello, necesitamos determinar la forma de la curva que une los puntos anteriores.

Función cóncava y función convexa

Una función es cóncava o cóncava hacia arriba en un intervalo I de su dominio si en dicho intervalo el gráfico de la función tiene la siguiente forma:

Una función es convexa o cóncava hacia abajo en un intervalo I de su dominio si en dicho intervalo el gráfico de la función tiene la siguiente forma:

Consideremos una función f(x) cóncava hacia arriba y tracemos rectas tangentes al gráfico de f(x) en varios de sus puntos.

Observamos que las pendientes de las rectas tangentes aumentan a medida que consideramos valores de **x** cada vez mayores. Entonces, la función f'(x), que permite obtener la pendiente de cada una de las rectas tangentes al gráfico de f(x), crece. Por lo tanto, la función derivada de f'(x) es positiva, es decir, f''(x) > 0.

Analicemos una función f(x) cóncava hacia abajo. Al trazar las rectas tangentes al gráfico de f(x) en algunos de sus puntos, obtenemos lo siguiente:

Observamos que las pendientes de las rectas tangentes disminuyen a medida que consideramos valores de **x** cada vez mayores. Por lo tanto, la función f'(x) decrece y, en consecuencia, la función derivada segunda de f(x) es negativa, es decir, f''(x) < 0.

Conclusión

- Una función f(x) es cóncava hacia arriba en un intervalo I de su dominio si y solo si se verifica que f''(x) > 0 para cualquier valor de x que pertenece a I.
- Una función f(x) es cóncava hacia abajo en un intervalo I de su dominio si y solo si se verifica que f''(x) < 0 para cualquier valor de x que pertenece a I.

Continuemos con la resolución del ítem c. del problema II. Para determinar cuál es el gráfico de T(x), analizamos los intervalos de positividad y de negatividad de T''(x). Para ello buscamos los ceros de T''(x) y utilizamos el teorema de la conservación del signo.

Como T'(x) = 6x² − 42x + 60, entonces, T''(x) = 12x − 42

Si T''(x) = 0 => 12x − 42 = 0 => x = $\frac{7}{2}$

Considerando, en el dominio de T(x), por ejemplo, a 2 y a 4, es decir, a un valor menor que $\frac{7}{2}$ y a otro mayor que él, obtenemos que T''(2) < 0 y T''(4) > 0

Luego, utilizando estos datos y la conclusión anterior, confeccionamos la siguiente tabla:

En la tabla anterior observamos que en el punto $\left(\frac{7}{2} ; \frac{65}{2}\right)$, la función T(x) cambia la concavidad. Ese punto se llama **punto de inflexión** de la función.

Punto de inflexión

El punto (c; f(c)) es un punto de inflexión de la función f(x) si y solo si en un entorno de c la función cambia la concavidad a la izquierda y a la derecha de c.

Comparemos la concavidad que figura en la tabla anterior con la que se observa en los gráficos II. y III. del problema II. Podemos afirmar que el gráfico II. es el que corresponde a la función T(x) del problema II. Por tanto, el gráfico de T(x) es el siguiente:

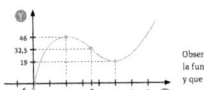

Observando el gráfico, podemos asegurar que la función tiene un mínimo absoluto en x = 0 y que no posee un máximo absoluto.

Problema III

a. En el gráfico observamos que f'(x) existe para todos los valores pertenecientes al intervalo [−6; 12]. Por lo tanto, f(x) es una función continua en cualquier valor de ese intervalo.

Analicemos el crecimiento y el decrecimiento de f(x). Para ello, debemos determinar los intervalos de positividad y de negatividad de f'(x). Al observar el gráfico de f'(x), podemos afirmar que f'(x) > 0 en [−6; −5) ∪ (−2; 1) ∪ (3; 10) ∪ (10; 12] y f'(x) < 0 en (−5; −2) ∪ (1; 3). Utilizando estos datos, confeccionemos el siguiente esquema:

f(x)

Por lo tanto, f(x) crece en [−6; −5) ∪ (−2; 1) ∪ (3; 10) ∪ (10; 12] y decrece en (−5; −2) ∪ (1; 3). Luego, la función f(x) tiene máximos relativos en x = −5, x = 1 y x = 12. En este último valor, hay un máximo relativo porque a dicho valor la función "llega creciendo". Además, f(x) posee mínimos relativos en x = −2, x = 3 y x = −6. En este valor, hay un mínimo relativo porque a partir de dicho valor la función f (x) comienza a crecer.

Para analizar la concavidad de f(x), tenemos que determinar los intervalos de positividad y de negatividad de f"(x). Para ello, debemos tener en cuenta que f"(x) es positiva en los valores de x para los cuales f'(x) crece y que f"(x) es negativa en los valores de x para los cuales f'(x) decrece. Luego, observando el gráfico de f'(x), obtenemos que f'(x) crece en (−3; 0)∪(2; 7)∪(10; 12] y decrece en [−6; −3)∪(0; 2)∪(7; 10). Usando esta información, realizamos el siguiente esquema:

f(x)

Por lo tanto, f(x) es cóncava hacia abajo en [−6; −3)∪(0; 2)∪(7; 10) y cóncava hacia arriba en (−3; 0) ∪ (2; 7) ∪ (10; 12]. Luego, los puntos de inflexión de la función f(x) son (−3; f(−3)), (0; f(0)), (2; f(2)), (7; f(7)) y (10; f(10)).

b. Utilizando todos los datos que hemos obtenido acerca de f(x), confeccionamos los siguientes esquemas:

f(x)

Al no conocer la fórmula de f(x), no es posible marcar con exactitud los puntos que pertenecen a su gráfico. Sin embargo, usando la información de los esquemas anteriores, podemos determinar la forma aproximada del gráfico de f(x).

Luego, el gráfico de f(x) tiene aproximadamente la siguiente forma:

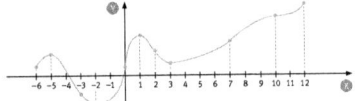

La recta x = a es asíntota vertical de la función f(x) si $\lim_{x \to a} f(x) = \infty$

La recta y = b es asíntota horizontal de la función f(x) si $\lim_{x \to \infty} f(x) = b$

La recta y = mx + b es asíntota oblicua de la función f(x) si $\lim_{x \to \infty} [f(x) - (mx + b)] = 0$

Problema IV

Para resolver el problema **IV**, primero debemos encontrar una
función que relacione al área de la fuente con las dimensiones
de esta; y luego, obtener el máximo relativo de dicha función.
Llamemos **x** e **y** a las dimensiones de la fuente y realicemos un dibujo para representar la situación planteada en
el problema **IV**.

Si llamamos A al área del rectángulo, entonces, resulta que A = x . y (1)
En el dibujo anterior, observamos que la diagonal del rectángulo es diámetro del círculo. Utilizando el teorema de Pitágoras, obtenemos que $x^2 + y^2 = 50^2$. Luego, como x > 0, debido a que **x**
es una de las dimensiones del rectángulo, resulta que $x = \sqrt{2.500 - y^2}$ (2)
Reemplazando la expresión (2) en la (1), obtenemos la función que relaciona el área del rectángulo con las dimensiones de este, es decir, $A(y) = y \cdot \sqrt{2.500 - y^2}$ (3)

Esta función tiene por dominio al intervalo [0; 50], pues debe ser $2.500 - y^2 \geq 0$ y, además, por
ser **y** una de las dimensiones del rectángulo, debe ser y ≥ 0.
Para encontrar el máximo relativo de la función A(y), analizamos su crecimiento y decrecimiento. Es decir, determinamos los intervalos de positividad y de negatividad de A'(y). La función derivada de A(y) es la siguiente:

$A'(y) = 1 \cdot \sqrt{2.500 - y^2} + y \cdot \left(\dfrac{-2y}{2\sqrt{2.500 - y^2}} \right)$, con lo cual obtenemos: $A'(y) = \sqrt{2.500 - y^2} - \dfrac{y^2}{\sqrt{2.500 - y^2}}$

Al buscar los ceros de la función A'(y), resulta que, si A'(y) = 0 => $\sqrt{2.500 - y^2} - \dfrac{y^2}{\sqrt{2.500 - y^2}}$ =>

$2.500 - y^2 = y^2$ => $2y^2 = 2500$ => $y^2 = 1.250$ => $y = \sqrt{2.500}$, pues y ≥ 0

Entonces, y = 25√2, es decir, y ≈ 35,36

Utilicemos el teorema de la conservación del signo considerando, en [0; 50], los números 2 y 40, es decir, un valor menor que 35,36 y otro mayor que él, pero ambos pertenecientes al dominio de A(y). Luego, obtenemos que A'(2) > 0 y A'(40) < 0. Usando estos datos, realizamos la siguiente tabla:

	0	(0; 25√2)	25√2	(25√2; 50)
A'(x)	50	+	0	–
A(x)	0		1250	

Por lo tanto, si y = 25 √2, entonces, el área del rectángulo es la máxima posible. Al calcular la otra dimensión del rectángulo, reemplazando en la expresión (2) a **y** por 25 √2, resulta que x = √2.500 − (25 √2)² = √2.500 − 1.250 = √1.250 = 25 √2

Luego, la fuente tiene aproximadamente 35,36 cm de ancho y 35,36 cm de largo. Por lo tanto, la fuente es cuadrada. Observen que para resolver el problema **IV**, debimos buscar el máximo relativo de una función y, para hallarlo, analizamos el crecimiento y el decrecimiento de dicha función.

Veamos ahora una forma más económica de encontrar máximos y mínimos relativos, en la cual no es necesario determinar el crecimiento y el decrecimiento de la función.

Si la recta tangente al gráfico de una función f(x) en un punto (c; f(c)) es horizontal, entonces, su pendiente es cero y, en consecuencia, f'(c) = 0

Supongamos que para una función f(x) es f'(c) = 0 y f''(c) > 0, es decir, que en un entorno de **c** la concavidad de f(x) es hacia arriba. El gráfico de la función f(x) será aproximadamente:

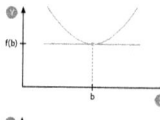

Por lo tanto, en x = c la función f(x) tendrá un mínimo relativo. En cambio, si suponemos que f'(c) = 0 y f''(c) < 0, es decir, que en un entorno de **c** la concavidad de la función f(x) es hacia abajo, entonces, el gráfico de la función f(x) será aproximadamente:

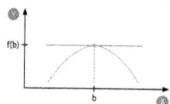

Por lo tanto, en x = c la función f(x) tendrá un máximo relativo.

Teorema de la función derivada segunda

Si $f(x)$ es una función derivable en un valor c, para el cual $f'(c) = 0$ y, además, se verifica que:
- $f''(c) > 0$, entonces, $f(x)$ tiene un mínimo relativo en $x = c$.
- $f''(c) < 0$, entonces, $f(x)$ tiene un máximo relativo en $x = c$.

Problema V

Dibujemos un cilindro que representa una lata:

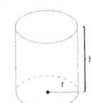

Llamemos **r** al radio de la base y **h** a la altura del cilindro. Como el volumen del cilindro es igual al área de la base de este por su altura y la lata tiene 350 cm³ de capacidad, entonces, podemos escribir $350 = \pi r^2 h$ (1)

Para que la cantidad de hojalata sea la mínima necesaria, el cilindro debe tener la menor área posible. Luego, tenemos que determinar la función área del cilindro.

Al desarmar el cilindro, obtenemos dos círculos y un rectángulo cuya base se encontraba bordeando a uno de los círculos. Por lo tanto, la medida de la base del rectángulo es igual a la de la longitud de la circunferencia. Entonces,

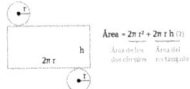

Área = $2\pi r^2 + 2\pi r h$ (2)

Área de los   Área del
dos círculos   rectángulo

Debemos buscar el mínimo relativo de esta función área. Pero como esa función tiene dos variables, **r** y **h**, entonces, de la condición (1) despejamos, por ejemplo, **h** y sustituimos la expresión de **h** en (2).

Luego, resulta que $h = \dfrac{350}{\pi r^2}$ (3). Reemplazando (3) en (2), obtenemos la siguiente función:

$A(r) = 2\pi r^2 + 2\pi r \cdot \dfrac{350}{\pi r^2}$, o sea, $A(r) = 2\pi r^2 + \dfrac{700}{r}$

La función $A(r)$ es continua en los valores positivos de **r**.

Luego, para hallar el mínimo relativo de dicha función, calculamos los ceros de la función derivada $A'(r)$ y utilizamos el teorema de la función derivada segunda.

La función derivada de $A(r)$ es $A'(r) = 4\pi r - \dfrac{700}{r^2}$. Entonces, resulta que si $A'(r) = 0$

$\Rightarrow 4\pi r - \dfrac{700}{r^2} = 0 \Rightarrow 4\pi r = \dfrac{700}{r^2} \Rightarrow r^3 = \dfrac{700}{4\pi} \Rightarrow \sqrt[3]{\dfrac{175}{\pi}}$ (4) $\Rightarrow r \cong 3,82$

La función derivada segunda de $A(r)$ es $A''(r) = 4\pi + \dfrac{1.400}{r^3}$ (5)

Luego, reemplazando la expresión (4) en la (5), obtenemos:

$$A''\left(\sqrt[3]{\dfrac{175}{\pi}}\right) = 4\pi + \dfrac{1.400}{\left(\sqrt[3]{\dfrac{175}{\pi}}\right)^3} = 4\pi + 8\pi = 12\pi, \text{ con lo cual es:}$$

$A''\left(\sqrt[3]{\dfrac{175}{\pi}}\right) > 0$. Por lo tanto, el área del cilindro es mínima si el radio de los círculos es aproximadamente de 3,82 cm.

Para hallar la altura del cilindro, sustituimos (5) en (1)

Resulta entonces que $h = \dfrac{350}{\pi\left(\sqrt[3]{\dfrac{175}{\pi}}\right)^2}$, es decir, $h \approx 7,64$

Por lo tanto, las dimensiones que debe tener la lata de 350 cm³ de capacidad son aproximadamente 3,82 cm de radio de la base y 7,64 cm de altura.

Regla de L'Hôpital

Esta regla, que es una aplicación de la función derivada, permite calcular algunos límites indeterminados sin necesidad de "salvar la indeterminación", utilizando métodos algebraicos.

- Si $f(x)$ y $g(x)$ son funciones derivables en un entorno de un valor x_0, $g'(x) \neq 0$ para $x \neq x_0$ en dicho entorno, $\lim\limits_{x \to x_0} f(x) = \lim\limits_{x \to x_0} g(x) = 0$ y existe $\lim\limits_{x \to x_0} \dfrac{f'(x)}{g'(x)}$ finito, entonces se verifica que:

$$\lim_{x \to x_0} \dfrac{f(x)}{g(x)} = \lim_{x \to x_0} \dfrac{f'(x)}{g'(x)}$$

- Si $f(x)$ y $g(x)$ son funciones derivables en un entorno de un valor x_0, $g'(x) \neq 0$ para $x \neq x_0$ y existe $\lim\limits_{x \to x_0} \dfrac{f'(x)}{g'(x)}$ finito, entonces se verifica que:

$$\lim_{x \to x_0} \dfrac{f(x)}{g(x)} = \lim_{x \to x_0} \dfrac{f'(x)}{g'(x)}$$

La regla de L'Hôpital también se cumple cuando x en lugar de tender a x_0 tiende a infinito.

La palabra **cóncavo** apareció por primera vez en inglés (concave) en un artículo de geometría titulado "Pantometria", escrito por Thomas Digges. Thomas Digges nació en 1546 y murió en 1595, en Inglaterra. Recibió instrucción sobre Matemática avanzada de la mano de John Dee, con quien publicó artículos de geometría. Digges forma parte de los English Copernicans. Entre sus trabajos sobre astronomía, figura la traducción al inglés de la obra de Copérnico, en la que incluye sus ideas sobre el universo infinito con estrellas que van cambiando de posición.

Problema VI

a. Al calcular $\lim_{x \to 0} \operatorname{sen} \dfrac{(2x^3 + x)}{x}$, obtenemos:

$\lim_{x \to 0} \operatorname{sen}(2x^3 + x) = 0$ y $\lim_{x \to 0} x = 0$. Estamos, entonces, ante la presencia de una indeterminación.

Pero esta indeterminación es una de las contempladas en la regla de L'Hôpital (L'H). Por lo tanto, utilizamos dicha regla para salvar la indeterminación. Luego, resulta que:

$$\lim_{x \to 0} \frac{\operatorname{sen}(2x^3 + x)}{x} = \lim_{x \to 0} \frac{[\cos(2x^3 + x)] \cdot (4x + 1)}{1} = 1$$

b. Para $\lim_{x \to 0} \dfrac{e^x - e^{-x} - 2x}{\operatorname{sen} x - x}$, sucede que $\lim_{x \to 0} e^x - e^{-x} - 2x = 0$ y $\lim_{x \to 0} \operatorname{sen} x - x = 0$

Entonces, estamos ante la presencia de la misma indeterminación que en **a.**, con lo cual podemos usar la regla de L'Hôpital. Luego, obtenemos:

$$\lim_{x \to 0} \frac{e^x - e^{-x} - 2x}{\operatorname{sen} x - x} = \lim_{x \to 0} \frac{e^x - e^{-x} - 2}{\cos x - 1}. \text{ Pero resulta que } \lim_{x \to 0} e^x + e^{-x} - 2 = 0 \text{ y } \lim_{x \to 0} \cos x - 1 = 0$$

Por lo tanto, utilizamos otra vez la regla de L'Hôpital y lo hacemos la cantidad de veces que sean necesarias para salvar la indeterminación. Luego, obtenemos:

$$\lim_{x \to 0} \frac{e^x + e^{-x} - 2x}{\cos x - 1} = \lim_{x \to 0} \frac{e^x - e^{-x}}{-\operatorname{sen} x} = \lim_{x \to 0} \frac{e^x + e^{-x}}{-\cos x} = \frac{2}{-1} = -2$$

c. Al calcular $\lim_{x \to \infty} \dfrac{\ln x + x}{x^2 + 2}$, resulta que $\lim_{x \to \infty} \ln x + x = \infty$ y $\lim_{x \to \infty} x^2 + 2 = \infty$

Por lo tanto, estamos ante la presencia de una indeterminación distinta de la del ítem **a.** Pero esta indeterminación corresponde al otro tipo de indeterminación que contempla la regla de L'Hôpital. Luego, al usar dicha regla, obtenemos lo siguiente:

$$\lim_{x \to \infty} \frac{\ln x + x}{x^2 + 2} = \lim_{x \to \infty} \frac{\frac{1}{x} + 1}{2x} = 0$$

d. Para $\lim_{x \to 1} (x - 1) \cdot \ln(x - 1)$, al resolverlo, sucede que $\lim_{x \to 1} x - 1 = 0$ y $\lim_{x \to 1} \ln(x - 1) = -\infty$

En este caso, podríamos pensar que si multiplicamos una función que tiende a cero por otra cualquiera, entonces, el resultado tendería a cero. Sin embargo, también podríamos pensar que si multiplicamos una función que tiende a infinito por cualquier otra, entonces, el resultado tendería a infinito. Estamos, entonces, ante la presencia de un nuevo tipo de indeterminación.

Conclusión

Si $\lim_{x \to x_0} f(x) = 0$ y $\lim_{x \to x_0} g(x) = \infty$, entonces, $\lim_{x \to x_0} [f(x) \cdot g(x)]$ es una indeterminación.

Esta conclusión también se cumple cuando x tiende a infinito.

Para salvar la indeterminación que presenta el límite planteado en el ítem **d.**, sustituimos la expresión de la función por otra que, además de ser equivalente en todos los valores del dominio de aquella, nos permita utilizar la regla de L'Hôpital. Por ejemplo, podemos reemplazar $(x - 1) \cdot \ln(x - 1)$

por $\dfrac{\ln(x-1)}{(x-1)^{-1}}$, con lo cual transformamos el producto de funciones en un cociente de funciones.

Luego, resulta que $\lim\limits_{x \to 1^+} (x - 1) \cdot \ln(x - 1) = \lim\limits_{x \to 1^+} \dfrac{\ln(x-1)}{(x-1)^{-1}} = \lim\limits_{x \to 1^+} \dfrac{\frac{1}{x-1}}{-(x-1)^{-2}} = \lim\limits_{x \to 1^+} \dfrac{-(x-1)^2}{x-1} =$
$= \lim\limits_{x \to 1^+} - (x - 1) = 0$

Es importante resaltar que la regla de L'Hôpital se refiere a la división entre las funciones derivadas y no a la función derivada de una división entre funciones.

Problema VII

a. Realicemos el estudio completo de $f(x) = (x + 2) \cdot e^x$
I. El dominio de la función es Dom $f = \mathbf{R}$
II. La función $f(x)$ es continua en **cualquier valor de su dominio**, pues es el producto entre $x + 2$ y e^x, que son funciones continuas en $\mathbf{R}$, ya que la primera es una función polinómica y la segunda es una función exponencial.
III. Como Dom $f = \mathbf{R}$, la función $f(x)$ **no tiene asíntotas verticales.** Para obtener la asíntota horizontal, debemos calcular $\lim\limits_{x \to \infty} (x + 2) \cdot e^x$. Pero, como uno de los factores de $f(x)$ es e^x,

que es una función exponencial, entonces, tenemos que hallar el límite de $f(x)$ cuando $x \to -\infty$ y cuando $x \to +\infty$

Si $x \to +\infty$, entonces, $x + 2 \to +\infty$ y $e^x \to +\infty$. Luego, resulta que $\lim\limits_{x \to +\infty} (x + 2) \cdot e^x = +\infty$. Por lo tanto, **no existe asíntota horizontal cuando $x \to +\infty$**

Si $x \to -\infty$, entonces, $x + 2 \to -\infty$ y $e^x \to 0$, con lo cual estamos ante la presencia de una indeterminación. Para salvarla, transformamos la expresión de $f(x)$ en un cociente de funciones y utilizamos la regla de L'Hôpital. Luego, obtenemos:

$\lim\limits_{x \to -\infty} (x + 2) \cdot e^x = \lim\limits_{x \to -\infty} \dfrac{x + 2}{e^{-x}} = \lim\limits_{x \to -\infty} \dfrac{1}{e^{-x}} = 0$. Por lo tanto, la recta $y = 0$ **es horizontal cuando $x \to -\infty$**

Como la función $f(x)$ posee asíntota horizontal, entonces, **no tiene asíntota oblicua.**

IV. Para hallar los intervalos de positividad y negatividad, buscamos los ceros de $f(x)$ y utilizamos el teorema de la conservación del signo.
Luego, si $f(x) = 0 \Rightarrow (x + 2) \cdot e^x = 0 \Rightarrow x + 2 = 0$ o $e^x = 0$. Pero como $e^x \neq 0$ para cualquier número real, entonces, $x = -2$. Consideremos, por ejemplo, los valores -5 y 0, pues pertenecen a Dom f, y, además, $-5 < -2$ y $0 > -2$. Luego, resulta que $f(-5) < 0$ y $f(0) > 0$
Usando estos datos, realizamos el siguiente esquema:

$f(x)$

	$-$	-2	$+$	
	$f(-5) < 0$		$f(0) > 0$	

Por lo tanto, obtenemos que $C^- = (-\infty; -2)$ y $C^+ = (-2; +\infty)$

C⁺ : conjunto de positividad
C⁻ : conjunto de negatividad

V. Para hallar los intervalos de crecimiento y decrecimiento de $f(x)$, determinamos los intervalos de positividad y negatividad de la función derivada de $f(x)$. Para ello, calculamos los ceros de $f'(x)$ y utilizamos el teorema de la conservación del signo.

Como $f(x) = (x + 2) \cdot e^x$, entonces, $f'(x) = 1 \cdot e^x + (x + 2) \cdot e^x = (1 + x + 2) \cdot e^x = (x + 3) \cdot e^x$

Si $f'(x) = 0 \Rightarrow (x + 3) \cdot e^x = 0 \Rightarrow x = -3$

Consideremos, por ejemplo, los valores -6 y 1. Luego, resulta que $f'(-6) < 0$ y $f'(1) > 0$

A partir de estos datos confeccionamos la siguiente tabla:

Por lo tanto, la función **f(x) decrece en $(-\infty; -3)$ y crece en $(-3; +\infty)$.** Luego, en $x = -3$ **tiene un mínimo relativo y no posee máximos relativos.**

VI. Para obtener los intervalos de concavidad de $f(x)$, determinamos los intervalos de positividad y negatividad de $f''(x)$, con lo cual debemos resolver la ecuación $f''(x) = 0$ y usar el teorema de la conservación del signo.

Como $f'(x) = (x + 3) \cdot e^x$, entonces, $f''(x) = 1 \cdot e^x + (x + 3) \cdot e^x = (x + 4) \cdot e^x$

Luego, si $f''(x) = 0 \Rightarrow (x + 4) \cdot e^x = 0 \Rightarrow x = -4$

Considerando los valores -7 y 2, obtenemos que $f''(-7) < 0$ y $f''(2) > 0$. Luego, podemos realizar la siguiente tabla:

Por lo tanto, la función $f(x)$ es **cóncava hacia abajo en $(-\infty; -4)$ y cóncava hacia arriba en $(-4; +\infty)$,** con lo cual el **punto de inflexión es $(-4; f(-4))$, es decir, el punto $(-4; -2e^{-4})$.**

VII. Para realizar el gráfico de $f(x)$, utilizamos toda la información que hemos obtenido en los ítems anteriores. Luego, el gráfico de la función $f(x)$ es el siguiente:

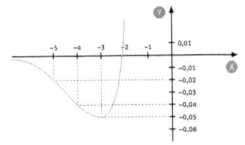

b. Hagamos el estudio completo de $g(x) = \dfrac{x^3}{(x-1)^2}$.

I. El dominio de la función es **Dom g = R − {1}**, pues debe ser $(x-1)^2 \neq 0$, es decir, $x \neq 1$

II. Como $g(x)$ es una función racional, entonces, **es continua en cualquier valor de su dominio.**

III. Para hallar la asíntota vertical, calculamos el límite de $g(x)$ cuando x tiende a 1, pues 1 no pertenece al dominio de $g(x)$. Luego resulta que $\lim\limits_{x \to 1} \dfrac{x^3}{(x-1)^2} = \infty$. Por lo tanto, la recta **x = 1 es asíntota vertical** de $g(x)$.

Al buscar la asíntota horizontal, obtenemos que $\lim\limits_{x \to \infty} \dfrac{x^3}{(x-1)^2} = \infty$, con lo cual la función **no tiene asíntota horizontal.** Hallemos la asíntota oblicua de $g(x)$. Es decir, calculemos los valores de **m** y **b** de la recta $y = mx + b$. Al hallar el valor de **m**, resulta que:

$$m = \lim\limits_{x \to \infty} \frac{g(x)}{x} = \lim\limits_{x \to \infty} \frac{x^3}{(x-1)^2} \cdot \frac{1}{x} = \lim\limits_{x \to \infty} \frac{2x}{2(x-1)} = \lim\limits_{x \to \infty} \frac{2}{2} = 1$$

Al hallar el valor de **b**, obtenemos que $b = \lim\limits_{x \to \infty} g(x) - mx = \lim\limits_{x \to \infty} \frac{x^3}{(x-1)^2} - x = \lim\limits_{x \to \infty} \frac{x^3 - x(x-1)^2}{(x-1)^2} =$

$$= \lim\limits_{x \to \infty} \frac{x^3 - x(x^2 - 2x + 1)}{(x-1)^2} = \lim\limits_{x \to \infty} \frac{x^3 - x^3 + 2x^2 - x}{(x-1)^2} = \lim\limits_{x \to \infty} \frac{2x^2 - x}{(x-1)^2} = \lim\limits_{x \to \infty} \frac{4x - 1}{2(x-1)} = \lim\limits_{x \to \infty} \frac{4}{2} = 2$$

Luego, la recta **y = x + 2 es asíntota oblicua** de la función.

IV. Para encontrar los intervalos de positividad y negatividad, buscamos los ceros de $g(x)$ y usamos el teorema de la conservación del signo en los dos intervalos en donde la función es continua, o sea, en $(-\infty; 1)$ y en $(1; +\infty)$.

Luego, si $g(x) = 0 \Rightarrow \dfrac{x^3}{(x-1)^2} = 0 \Rightarrow x = 0$

Al considerar, por ejemplo, los valores -4, 0.5 y 5, obtenemos que $g(-4) < 0$, $g(0.5) > 0$ y $g(2) > 0$. Utilizando estos datos, confeccionamos el siguiente esquema:

$g(x)$				
	$-$	0 $+$	1	$+$
	$g(-4) < 0$	$g(0.5) > 0$		$g(2) > 0$

Por lo tanto, resulta que $C^+ = (0; 1) \cup (1; +\infty)$ y $C^- = (-\infty; 0)$

V. Para determinar los intervalos de crecimiento y decrecimiento, y los máximos y mínimos relativos, trabajamos con la positividad y la negatividad de $g'(x)$.

Como $g(x) = \dfrac{x^3}{(x-1)^2}$, entonces, $g'(x) = \dfrac{3x^2 \cdot (x-1)^2 - x^3 \cdot 2(x-1)}{(x-1)^4} =$

$$= \frac{x^2(x-1)[3(x-1) - 2x]}{(x-1)^4} = \frac{x^2(3x - 3 - 2x)}{(x-1)^3} = \frac{x^2(x-3)}{(x-1)^3}$$

Busquemos el dominio y los ceros de $g'(x)$.
El dominio de la función derivada es Dom g' = **R** − {1}, pues debe ser $(x-1)^3 \neq 0$
Luego, si $g'(x) = 0 \Rightarrow x^2(x-3) = 0 \Rightarrow x = 0$ o $x = 3$

Por lo tanto, la positividad y la negatividad de $g'(x)$ pueden cambiar solo en 0, en 1 y en 3. Consideremos los intervalos $(-\infty; 0]$, $(0; 1)$, $(1; 3)$ y $(3; +\infty)$, y elijamos en cada uno de ellos un valor, por ejemplo: $-1, \frac{1}{2}, \frac{3}{2}$ y 4. Luego, obtenemos lo siguiente:

$g'(-1) > 0$, $g'\left(\frac{1}{2}\right) > 0$, $g'\left(\frac{3}{2}\right) < 0$ y $g'(4) > 0$. Usando estos datos, realizamos la siguiente tabla:

Por lo tanto, la función $g(x)$ crece **en $(-\infty; 0) \cup (0; 1) \cup (3; +\infty)$ y decrece en $(1; 3)$**, con lo cual en **x = 3 tiene un mínimo relativo y no posee máximos relativos.**

En $x = 1$, la función $g(x)$ cambia el crecimiento, pero en ese valor no hay un extremo relativo, pues $1 \notin$ Dom g.

vi. Para hallar los intervalos de concavidad, trabajamos con $g''(x)$ de manera análoga a como lo hicimos con $g'(x)$ en el ítem **v.**

Como $g'(x) = \frac{x^2(x-3)}{(x-1)^3} = \frac{x^3 - 3x^2}{(x-1)^3} \Rightarrow g''(x) = \frac{(3x^2 - 6x) \cdot (x-1)^3 - (x^3 - 3x^2) \cdot 3(x-1)^2}{(x-1)^6} =$

$= \frac{(x-1)^2 \, x \, [(3x-6)(x-1) - 3(x^2 - 3x)]}{(x-1)^6} = \frac{x \, (3x^2 - 3x - 6x + 6 - 3x^2 + 9x)}{(x-1)^4} = \frac{6x}{(x-1)^4}$

Luego, el dominio de $g''(x)$ es Dom $g'' = \mathbb{R} - \{1\}$, pues debe ser $(x-1)^4 \neq 0$, o sea, $x \neq 1$.

Si $g''(x) = 0 \Rightarrow \frac{6x}{(x-1)^4} = 0 \Rightarrow x = 0$. Por lo tanto, el signo de $g''(x)$ solo puede cambiar en 0 o en 1. Consideremos los intervalos $(-\infty; 0)$, $(0; 1)$ y $(1; +\infty)$, y elijamos en cada uno de ellos un valor, por ejemplo $-2, \frac{1}{4}$ y 6. Luego, obtenemos que $g''(-2) < 0$, $g''\left(\frac{1}{4}\right) > 0$ y $g''(6) > 0$. Utilizando estos datos, confeccionamos la siguiente tabla:

Por lo tanto, la función $g(x)$ es **cóncava hacia abajo en $(-\infty; 0)$ y cóncava hacia arriba en $(0; 1) \cup (1; +\infty)$**, con lo cual **el punto de inflexión es $(0; g(0))$, es decir, el punto $(0; 0)$.**

vii. Usando toda la información que obtuvimos acerca de $g(x)$ en los ítem anteriores, realizamos un gráfico aproximado de ella. Luego, el gráfico de la función $g(x)$ es el siguiente

1. Consideren el siguiente gráfico que corresponde a la función f(x) y completen lo que se indica a continuación de él.

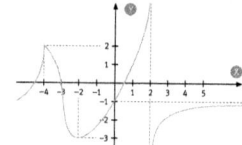

a. Dom f =
b. La asíntota vertical de f(x) es
c. La asíntota horizontal de la función es
d. La función f(x) es derivable en
e. f'(x) > 0 en
f. El máximo relativo de f(x) se encuentra en
g. El mínimo relativo de la función está en
h. f''(x) > 0 en

2. La función derivada de g(x) tiene el siguiente gráfico:

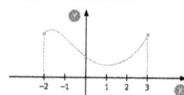

Observando el gráfico, decidan si estas afirmaciones son verdaderas o falsas.
a. La función g(x) tiene un máximo y un mínimo relativo en el intervalo (−2; 3).

b. La función g(x) es cóncava hacia arriba en el intervalo (0; 3).

c. La función g(x) crece en el intervalo [−2; 3].

d. El punto (0; g(0)) es punto de inflexión de g(x).

3. El gráfico que figura a continuación corresponde a la función derivada de una función f(x) continua en **R**.

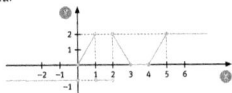

A partir del gráfico anterior, completen las siguientes afirmaciones:

a. La función f(x) crece en ....

b. La función f'(x) < 0 en ....

c. La función f(x) es constante en ....

d. La función f(x) no es derivable en ....

e. Los máximos relativos de f(x) están en ....

f. La función f(x) es cóncava hacia arriba en ....

4. Determinen los valores críticos, los intervalos de crecimiento y decrecimiento, los máximos y mínimos relativos, los intervalos de concavidad y los puntos de inflexión de una función g(x) que verifica simultáneamente las siguientes condiciones:

a. g(x) = 0 si x = –4, g(–3) = 4, g(–2) = 2, g(0) = 1

b. g(x) es derivable en todos los números reales.

c. g'(x) = 0 si x = –3 o x = 0

d. g'(x) > 0 si x < –3 o x > 0 y g'(x) < 0 si –3 < x < 0

e. g''(x) < 0 si x < –2 y g''(x) > 0 si x > –2

5. Consideren los siguientes gráficos correspondientes a f(x) y g'(x), y dibujen el de f'(x) y el de g(x).

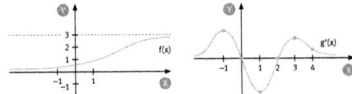

6. Encuentren los valores de **a** para los cuales $g(x) = ax - \text{sen } x$ es creciente en $\mathbb{R}$.

7. Verifiquen que la función $h(x) = 5\sqrt[3]{x} + 8 \ln x - 27$ es creciente en $\mathbb{R}^+$ es decir, en $(0; +\infty)$.

8. ¿Cuáles son los valores de **a** y **b** si $f(x) = ax^2 + bx$ tiene un máximo relativo en $x = 2$ y la imagen de 2 a través de $f(x)$ es 6?

9. Realicen el análisis completo de las funciones que se indican, encontrando para cada una de ellas lo siguiente:
I. El dominio.
II. Las asíntotas verticales, horizontales y oblicuas, si existen.
III. Los ceros, y los intervalos de positividad y negatividad.
IV. Los valores de **x** en los cuales la función no es derivable.
V. Los intervalos de crecimiento y decrecimiento, y los máximos y mínimos relativos.
VI. Los intervalos de concavidad y los puntos de inflexión.
VII. Un gráfico aproximado de la función.

a. $b(x) = \dfrac{7x^2}{x^2 - 4}$ **b.** $c(x) = \ln(x^2 + 2x + 10)$ **c.** $d(x) = x^2 \, e^{-\frac{1}{4}x}$

10. Calculen los siguientes límites:

a. $\displaystyle\lim_{x \to 0} \dfrac{x\,(\cos x - 1)}{\text{sen } 3x - 3x} =$

b. $\displaystyle\lim_{x \to 0} \dfrac{\text{sen } x - e^x + 1}{x^2} =$

c. $\displaystyle\lim_{x \to 5^-} (x - 5)^2 \ln (x - 5) =$

11. Hallen $f(0)$ y $f'(0)$ considerando que $f(x)$ es derivable en cualquier valor de su dominio, $f'(x)$ es continua en cualquier valor de su dominio y $\displaystyle\lim_{x \to 0} \dfrac{f(x) - 3\cos x}{\text{sen } x} = 7$

9

Integrales

Desde tiempos remotos, el hombre se esforzó por calcular áreas de distintas figuras geométricas. Dicho cálculo resultaba sencillo si la forma de las figuras geométricas era regular; en cambio, se tornaba engorroso cuando las figuras tenían formas no regulares. En el siglo XVII, Newton y Leibniz lograron dar una respuesta a esa cuestión.

En este capítulo, estudiaremos cómo calcular áreas de figuras no regulares.

El concepto de integral y el cálculo de áreas

Problema I

Un auto parte de una ciudad ubicada a 20 kilómetros de Buenos Aires, rumbo a Mar del Plata. La fórmula $v(t) = 9t + 8$ relaciona la velocidad instantánea del auto (v), medida en kilómetros por hora, con el tiempo de viaje (t), medido en horas.

a. ¿Cuál es la velocidad del auto después de 3 horas de viaje?

b. Encuentren una función que permita calcular la distancia a la que el auto se encuentre de Buenos Aires en cada instante del viaje.

1. Para un móvil que parte del reposo, la función $v(t) = 9t$ permite determinar su velocidad (v), medida en kilómetros por hora, respecto del tiempo de marcha (t), medido en horas.

a. ¿Cuál es la velocidad del móvil después de 15 horas continuas de marcha?

b. Encuentren una función que permita calcular el espacio recorrido por el móvil después de **t** horas de marcha.

c. ¿Cuántos kilómetros recorre el móvil después de 15 horas de estar en continuo movimiento?

2. Para cada uno de los siguientes casos, verifiquen si F(x) es o no una función primitiva de f(x).

a. $F(x) = \frac{x^4}{4} + 1$ y $f(x) = x^3$

b. $F(x) = e^x \ln x + 2$ y $f(x) = \frac{e^x}{x}$

c. $F(x) = 3x^3 - 8x^2 + 9x + 7$ y $f(x) = 15x^2 - 16x + 9$

d. $F(x) = \frac{x^2 + 3x + 1}{x^3 - 2} + 1$ y $f(x) = \frac{2x + 3}{3x^2}$

e. $F(x) = x \ln x - x$ y $f(x) = \ln x$

Problema II

Para cada uno de los siguientes casos, hallen todas las funciones primitivas de f(x).

a. $f(x) = \frac{1}{x} + 7 \operatorname{sen} x - 12^{5} \sqrt{x}$

b. $f(x) = 6x + 2e^x$

c. $f(x) = \cos x + \frac{3}{x^2} + 7x^6$

1. Determinen si alguna de las siguientes funciones es una función primitiva de $g(x) = x^2 \operatorname{sen} x$

a. $G(x) = 2x \cos x$

b. $G(x) = -x^2 \cos x + 2x \operatorname{sen} x + 2 \cos x + 8$

c. $G(x) = 2x \cos x - 5$

d. $G(x) = \dfrac{x^3}{3}(-\cos x)$

e. $G(x) = 2x \operatorname{sen} x - x^2 \cos x + 2 \cos x$

2. Encuentren una función $F(x)$ que sea una primitiva de $f(x) = \dfrac{5x^2 + \sqrt{x} + 2}{x^3}$ y que además verifique que $F(1) = 8$

3. Obtengan una función $H(x)$ que cumpla las siguientes condiciones: la función $H(x)$ es una primitiva de $h(x) = \dfrac{x^3 + 2\sqrt{x^3} + x}{x^3}$, y el punto $(4; 5)$ pertenece a $H(x)$

4. Hallen las funciones primitivas de las siguientes funciones:

a. $a(x) = e^x - \operatorname{sen} x + 3\sqrt{x}$

b. $b(x) = \dfrac{x \operatorname{sen} x + 3\sqrt{x^2} + 2}{x}$

c. $c(x) = 7x^6 - 5x^4 + 2x^6 - 10x^3 + 6x^2 + 3x + 9$

5. Consideren el siguiente gráfico en el cual es $f(x) = x^2$

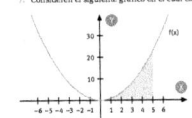

Encuentren una aproximación por defecto del área de la figura sombreada para cada uno de estos casos:

a. Dividiendo el intervalo [0; 5] en cinco subintervalos de igual longitud.

b. Dividiendo el intervalo [0; 5] en diez subintervalos de igual longitud.

Problema III

Claudio necesita calcular, en kilómetros cuadrados, el área de su campo, que tiene la siguiente forma:

Al intentar encontrar el área que busca, como la forma del campo no es regular, decide introducir la figura de su campo en una computadora. Por medio de ella, logra averiguar que la función correspondiente al lado curvo del campo es la siguiente:

$$f(x) = -\frac{1}{10}x^6 + \frac{13}{30}x^5 - \frac{29}{5}x^3 + \frac{46}{5}x + \frac{13}{5}$$ en el intervalo [1; 6]

Si estuviéramos en el lugar de Claudio, ¿cómo podemos hacer para calcular el área del campo si sólo disponemos del dato brindado por la computadora?

8. En el gráfico que figura a continuación, la región sombreada está debajo de la función
$g(x) = -x^2 + 36$

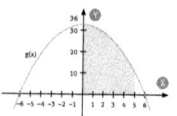

Obtengan una aproximación por exceso del área de la región sombreada, de cada una de las siguientes maneras:
a. Dividiendo el intervalo [0; 5] en cinco subintervalos de igual longitud.
b. Dividiendo el intervalo [0; 5] en diez subintervalos de igual longitud.

9. Calculen la función derivada de las siguientes funciones:

a. $A(t) = \int_0^t x^4\, dx$ b. $B(t) = \int_0^t x^3\, dx$ c. $C(t) = \int_0^t \cos x\, dx$

10. Hallen los valores de t en los cuales estas funciones tienen máximos o mínimos relativos.

a. $H(t) = \int_1^t (x-1)^4 (x+5)^3\, dx$ b. $J(t) = \int_0^t (x^2 - 6x + 8)\, dx$

11. Para cada uno de los siguientes casos, grafiquen, en la carpeta, la función f(x) y hallen el área de la región determinada por el gráfico de f(x) con el eje **x**.

a. $f(x) = -x^2 + 5x - 6$

b. $f(x) = -x^4 + 1$

12. El gráfico que figura a continuación es $f(t) = t^2 + 10$. Encuentren la función que permita calcular el área de la región sombreada para cualquier valor de **x**.

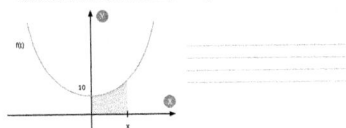

Problema IV

Consideren la función $f(x) = x^3 - 5x^2 - 4x + 20$ y calculen el área (A) de la región que determina el gráfico de f(x) con el eje x en cada uno de estos casos:

a. Entre x = -1 y x = 2   b. En el intervalo [2; 3]   c. Entre x = -1 y x = 3

13. Calculen el valor de **a** si a < 8 y el área de la región encerrada por el gráfico de $g(x) = x^2 + 1$, el eje **x**, x = a y x = 8 es de $\frac{532}{3}$

14. Para cada uno de los siguientes casos, grafiquen la función y obtengan el área de la región que se indica.

a. Región limitada por el gráfico de $a(x) = \cos x$, el eje **x**, x = 0 y x = $\frac{\pi}{2}$

b. Región comprendida entre el gráfico de $b(x) = |x + 1|$, el eje **x** y el eje **y**

c. Región determinada por el gráfico de $c(x) = x^2 - 4x$ con el eje **x** en [-2; 0]

15. Calculen las siguientes integrales definidas:

a. $\int_0^{\pi} \cos x \, dx =$ _____

b. $\int_1^5 (6 + 7x^2) \, dx =$ _____

c. $\int_{-\pi}^{\pi} \operatorname{sen} x \, dx =$ _____

16. Para cada uno de los casos que se indican a continuación, determinen si la integral definida $\int_a^b f(x) \, dx$ coincide con el área de la región comprendida entre el gráfico de f(x), el eje x, x = a y x = b. Justifiquen sus respuestas.

a. $f(x) = \sqrt{x} - 3$, a = 0 y b = 9

b. $f(x) = 2^x$, x = -1 y x = 8

Problema V

Calculen el área (A) de la región sombreada en cada uno de los siguientes casos:

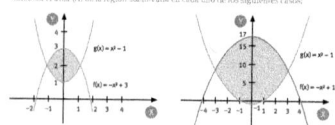

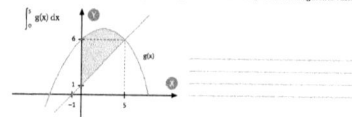

17. Grafiquen, en la carpeta, la región comprendida entre el gráfico de f(x) = 4x, el de g(x) = $\frac{1}{x}$, x = e y el eje x. Hallen además el área de la región anterior.

18. Considerando que el área de la siguiente región sombreada es 25, calculen el siguiente valor:

$\int_0^5 g(x) \, dx$

El concepto de integral y el cálculo de áreas

Problema I

a. Para responder a la pregunta, debemos reemplazar t por 3 en v(t).

Luego, v(3) = 9 . 3² + 8 = 89

Por lo tanto, a las 3 horas de viaje, la velocidad del auto es de 89 kilómetros por hora.

b. Como ya vimos, la velocidad instantánea de un móvil es la función derivada de la función que determina la distancia del móvil a un cierto lugar; en nuestro caso, a Buenos Aires. Por lo tanto, para obtener lo pedido en **b.**, debemos hallar una función d(t) cuya función derivada sea v(t) = 9t² + 8

Sabemos que al derivar una función polinómica, es decir, al hallar su función derivada, su grado se reduce en uno, y además que, para derivar una suma, hay que derivar cada término. Busquemos, entonces, una función que al derivarla dé 9t², y otra, que dé 8.

Para que 9t² sea la función derivada de una función, esta debe ser de la forma a t³, con a ≠ 0. Luego, al derivar a . t³ e igualar el resultado a 9t², resulta que:
(a . t³)' = a . 3t² = 9t² ⇒ 3a = 9 ⇒ a = 3. Por lo tanto, una de las funciones que buscamos es 3t³ pues (3t³)' = 3 . 3t² = 9t²

Para que 8 sea la función derivada de una función, esta debe ser de la forma b . t, con b ≠ 0. Entonces, al derivar b . t e igualar a 8, obtenemos (b·t)' = b = 8. Por lo tanto, la otra función buscada es 8t, pues (8t)' = 8

Luego, resulta que d(t) = 3t³ + 8t . Sin embargo, también podría ser d(t) = 3t³ + 8t + 7 o d(t) = 3t³ + 8t + 2, pues en ambos casos la función derivada también es v(t)

Es decir, podemos considerar d(t) = 3t³ + 8t + k, con k ∈ ℝ

Como el auto parte a 20 kilómetros de Buenos Aires, entonces, es d(0) = 20 y, en consecuencia, es k = 20. Luego, la función que permite calcular, en cada instante, la distancia del auto a Buenos Aires es d(t) = 3t² + 8t + 20

Llamamos primitiva de una función f(x) a otra función F(x) que verifica que F'(x) = f(x)

Conclusión

• Si f(x), que es una función continua en cualquier valor de su dominio, tiene una primitiva, entonces, existen infinitas primitivas de f(x).
• Si F(x) y G(x) son dos primitivas distintas de f(x), entonces, existe un número real k distinto de cero tal que F(x) = G(x) + k

Problema II

Antes de comenzar a resolver el problema **II**, establezcamos las funciones primitivas de algunas funciones elementales de las cuales conocemos su derivada.

Funciones primitivas de funciones elementales

- **Si $f(x) = x^n$, donde $n \in \mathbb{R} - \{-1\}$, entonces, $F(x) = \dfrac{x^{n+1}}{n+1} + k$**

  pues $\left(\dfrac{x^{n+1}}{n+1} + k\right)' = \dfrac{1}{n+1} \, (n+1)x^{n+1-1} = x^n$

- **Si $f(x) = \operatorname{sen} x$, entonces, $F(x) = -\cos x + k$**, porque $(-\cos x + k)' = -(-\operatorname{sen} x) = \operatorname{sen} x$

- **Si $f(x) = \cos x$, entonces, $F(x) = \operatorname{sen} x + k$**, ya que $(\operatorname{sen} x + k)' = \cos x$

- **Si $f(x) = e^x$, entonces, $F(x) = e^x + k$**, pues $(e^x + k)' = e^x$

- **Si $f(x) = \dfrac{1}{x}$, entonces, $F(x) = \ln|x| + k$**

  Verifiquemos esta afirmación:

  Como debe ser $x \neq 0$, entonces, es $x > 0$ o bien, $x < 0$

  Si $x > 0 \Rightarrow \ln|x| + k = \ln(x) + k \Rightarrow (\ln|x| + k)' = \dfrac{1}{x}$

  Si $x < 0 \Rightarrow \ln|x| + k = \ln(-x) + k \Rightarrow (\ln|x| + k)' = \dfrac{1}{(-x)}\,(-1) = \dfrac{1}{x}$

  Por lo tanto, si $x \neq 0$, obtenemos que $(\ln|x| + k)' = \dfrac{1}{x}$

- **Si $f(x) = \dfrac{1}{x-a}$, donde $a \in \mathbb{R}$, entonces, $F(x) = \ln|x - a| + k$**

  ya que usando la regla de la cadena y la afirmación anterior, resulta que:

  $(\ln|x - a| + k)' = \dfrac{1}{x-a} \cdot 1 = \dfrac{1}{x-a}$

  Establezcamos también, a partir de las propiedades de las funciones derivables, propiedades de las funciones primitivas.

Propiedades de las funciones primitivas

- **Si $F(x)$ es una primitiva de $f(x)$ y $G(x)$ es una primitiva de $g(x)$, entonces $F(x) + G(x)$ es una primitiva de $f(x) + g(x)$**

  Esta propiedad es cierta porque $(F(x) + G(x))' = F'(x) + G'(x) = f(x) + g(x)$

- **Si $F(x)$ es una primitiva de $f(x)$ y $G(x)$ es una primitiva de $G(x)$, entonces, $F(x) - G(x)$ es una primitiva de $f(x) - g(x)$**

  Esta propiedad se puede comprobar utilizando un razonamiento similar al empleado para verificar la propiedad anterior.

- **Si $F(x)$ es una primitiva de $f(x)$ y c es cualquier número real, entonces: $c \cdot F(x)$ es una primitiva de $c \cdot f(x)$**

  Esta propiedad se verifica porque $(c \cdot F(x))' = c \cdot F'(x) = c \cdot f(x)$

Resolvamos el problema II utilizando estas propiedades y las funciones primitivas de las funciones elementales.

a. Para la función $f(x) = \frac{1}{x} + 7 \operatorname{sen} x - 12 \sqrt[3]{x} = \frac{1}{x} + 7 \operatorname{sen} x - 12x^{\frac{1}{3}}$

obtenemos que $F(x) = \ln |x| + k_1 + 7(-\cos x) + k_2 - 12\left(\frac{x^{\frac{4}{3}}}{\frac{4}{3}}\right) + k_3 = \ln |x| - 7\cos x - 9\sqrt[3]{x} + k$

donde $k = k_1 + k_2 + k_3$

Verifiquemos que, para cada valor de **k**, la función F(x) es una primitiva de f(x).
Al hallar la función derivada de F(x), obtenemos lo siguiente:

$F'(x) = \frac{1}{x} - 7(-\operatorname{sen} x) - 9 \cdot \frac{4}{3}x^{\frac{1}{3}} = \frac{1}{x} + 7 \operatorname{sen} x - 12 \sqrt[3]{x} = f(x)$

b. Para $f(x) = \sqrt{x} + 2e^x = x^{\frac{1}{2}} + 2e^x$, su función primitiva, para cada valor de **k**

es $F(x) = \frac{x^{\frac{3}{2}}}{\frac{3}{2}} + 2e^x + k = \frac{2}{3}x^{\frac{3}{2}} + 2e^x + k$

Al comprobar si F'(x) es f(x), resulta que: $F'(x) = \frac{2}{3} \cdot \frac{3}{2}x^{\frac{1}{2}} + 2e^x = x^{\frac{1}{2}} + 2e^x = f(x)$

c. Para la función $f(x) = \cos x - \frac{3}{x^3} + 7x^3 = \cos x - 3x^{-3} + 7x^3$

obtenemos que $F(x) = \operatorname{sen} x - 3\frac{x^{-2}}{(-1)} + 7\frac{x^4}{4} + k = \operatorname{sen} x + 3x^{-1} + \frac{7}{4}x^4 + k$

Al verificar, para cada valor de **k**, si F(x) es una primitiva de f(x), resulta que:

$F'(x) = \cos x + 3(-1)x^{-2} + \frac{7}{4} \cdot 4x^3 = \cos x - \frac{3}{x^3} + 7x^3 = f(x)$

Problema III

Para resolver el problema **III**, tenemos que calcular el área de esta figura, que no es ninguna figura geométrica conocida. O sea, debemos calcular el área de la región determinada por el gráfico de f(x) y el eje **x**, entre x = 1 y x = 6, es decir, en el intervalo [1; 6].

Observemos que f(x) es una función continua y positiva en cualquier valor de **x** perteneciente a [1; 6].

Luego, para hallar el área que buscamos, podemos comenzar por aproximarla construyendo rectángulos que estén incluidos en la figura anterior, de la siguiente manera:

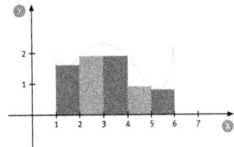

Es decir, dividimos al intervalo [1; 6] en cinco subintervalos de igual longitud, y sumamos las áreas de los cinco rectángulos cuyas bases son, respectivamente, cada uno de esos subintervalos y cuyas alturas corresponden, en cada caso, al mínimo valor que toma la función en el subintervalo.

Para realizar una mejor aproximación del área, dividimos el intervalo [1; 6] en más subintervalos, de igual longitud, de la siguiente forma:

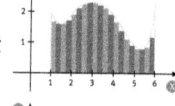

La suma de las áreas de los rectángulos obtenidos se llama **aproximación del área por defecto**.

Al dividir el intervalo [1; 6], también podemos considerar rectángulos que sobrepasen la figura, de la siguiente manera:

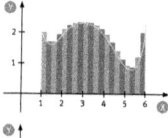

La suma de las áreas de los rectángulos así obtenidos se llama **aproximación del área por exceso**.

Consideremos simultáneamente rectángulos que estén incluidos en la figura y rectángulos que la sobrepasen, de la siguiente forma:

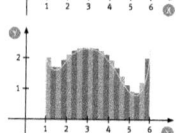

A medida que dividimos el intervalo [1; 6] en más subintervalos, las aproximaciones por defecto y por exceso que obtenemos dan valores cada vez más cercanos al área buscada.

Área de la región limitada por el gráfico de una función positiva

Si una función f(x) es continua en cualquier valor del intervalo [a; b] y positiva en el intervalo [a; b], entonces, **el área de la región limitada por el gráfico f(x), el eje x, x = a y x = b** es el valor del límite de las aproximaciones del área por defecto y por exceso cuando la cantidad de subintervalos de igual longitud en que se divide el intervalo [a; b] tiende a infinito.

Es decir, el área de una región es el valor que resulta de sumar las áreas de infinitos rectángulos, determinados por defecto y por exceso, en los cuales la base es cada vez más pequeña en cada nueva subdivisión del intervalo [a; b].

La notación que se utiliza para indicar el área (A) de la región limitada por el gráfico de f(x), el eje **x**, x = a y x = b es la siguiente:

$$\int_a^b f(x)\,dx, \text{ o sea, } A = \int_a^b f(x)\,dx.$$ Esta notación se debe a que:

- El símbolo $\int$ es una deformación de la letra S asociada a la palabra "suma" y significa que sumamos infinitos términos, cada uno de los cuales es el área de un rectángulo.
- El símbolo dx (diferencial de **x**) representa la variación que en el eje **x** tiene el valor de la base de cada rectángulo.
- El producto f(x) . dx simboliza el área de cada rectángulo.
- Los valores **a** y **b** se llaman **límites de integración** e indican el intervalo en el que calculamos el área de la región.

Como no es posible determinar los infinitos rectángulos a través de cuyas áreas podríamos calcular el área de la figura del campo, busquemos la función que nos permita hallar esa área. Es decir, tratemos de encontrar la función área.

Consideremos $A(t) = \int_a^t f(x)\,dx$, es decir, llamemos A(t) a la función que permite obtener el área de la región limitada por el gráfico de la función f(x), que es continua en cualquier valor de [a; b] y positiva en (a; b), el eje **x**, x = a y x = t, con a ≤ t ≤ b, y hallemos la función derivada de A(t).

Resulta, entonces, que $A'(t_0) = \lim_{t \to t_0} \dfrac{A(t) - A(t_0)}{t - t_0}$

Calculemos, en principio, este límite cuando **t** tiende a t_0 por derecha, siendo a ≤ t ≤ b.

A la expresión $A(t) - A(t_0)$ la podemos representar gráficamente de la siguiente manera:

Luego, la diferencia $A(t) - A(t_0)$ es el área de la región limitada por el gráfico de f(x), el eje **x**, x = t_0 y x = t
Como podemos observar en el siguiente gráfico:

A la región antes mencionada la podemos incluir en un rectángulo cuya base mide t – t_0 y cuya altura mide M, que es el máximo valor que toma f(x) para cualquier valor de **x** entre t_0 y **t**. También, dicha región incluye al rectángulo cuya base mide t – t_0 y cuya altura mide **m**, que es el mínimo valor que toma f(x) para cualquier valor de **x** entre t_0 y **t**. Por lo tanto, resulta que m . (t – t_0) ≤ A(t) – A(t_0) ≤ M . (t – t_0)

Luego, dividiendo toda la expresión anterior por $t - t_0$, obtenemos, debido a que $t > t_0$,

que $m \leq \dfrac{A(t) - A(t_0)}{t - t_0} \leq M$

Como la función $f(x)$ es continua en cualquier valor del intervalo $[t_0; t]$, cuando $t \to t_0^+$ resulta

que $m \to f(t_0)$ y $M \to f(t_0) \Rightarrow M \leq \dfrac{A(t) - A(t_0)}{t - t_0} \leq M$

$\qquad\qquad\qquad\qquad\quad \downarrow \qquad\qquad\qquad\qquad \downarrow$

$\qquad\qquad\qquad\qquad f(t_0) \qquad\qquad\qquad\quad f(t_0)$

Es decir, la expresión $\dfrac{A(t) - A(t_0)}{t - t_0}$ está comprendida entre dos funciones que tienden a $f(t_0)$

cuando $t \to t_0^+$. O sea que $\lim\limits_{t \to t_0^+} \dfrac{A(t) - A(t_0)}{t - t_0} = f(t_0)$

De manera similar, podemos demostrar que $\lim\limits_{t \to t_0^-} \dfrac{A(t) - A(t_0)}{t - t_0} = f(t_0)$

Luego, resulta que $\lim\limits_{t \to t_0} \dfrac{A(t) - A(t_0)}{t - t_0} = f(t_0)$

Por lo tanto, $A'(t_0) = f(t_0)$ para cualquier valor de t_0 entre **a** y **b**. Entonces, podemos afirmar que
para $a \leq t \leq b$ es $A'(t) = f(t)$

Conclusión
Teorema fundamental del cálculo
Si $A(t)$, con $a \leq t \leq b$, es la función que permite calcular el área de la región limitada por el gráfico
de la función $f(x)$, que es continua en cualquier valor de $[a; b]$ y positiva en $[a; b]$, el eje x, $x = a$
y $x = t$, entonces, $A'(t) = f(t)$. Es decir que la función área, o sea, $A(t)$, es una primitiva de $f(t)$.

Por lo tanto, para hallar la función área correspondiente a la región encerrada por el gráfico
de $f(x)$ con el eje **x**, entre **a** y **b**, debemos encontrar una primitiva de $f(x)$. Pero sabemos que hay
infinitas primitivas de una misma función. ¿Cuál de todas ellas será la función área?

Si $G(t)$ es una primitiva cualquiera de $f(t)$, entonces, $G'(t) = f(t)$
Luego, la diferencia entre $A(t)$ y $G(t)$ es un número real.
Es decir, para cualquier valor de **t**, con $a \leq t \leq b$ se verifica que $A(t) = G(t) + k$, donde **k** es un
número real.

Si consideramos $t = a$, entonces, $A(a) = G(a) + k$. Pero como $A(a)$ es el área de la figura limitada por el gráfico de $f(t)$ y el eje **x**, entre **a** y **a**, entonces, es $A(a) = 0$. Luego, obtenemos lo
siguiente: $0 = G(a) + k \Rightarrow k = -G(a)$

Por lo tanto, si $G(t)$ es una primitiva de $f(t)$, la función $A(t) = G(t) - G(a)$ es la función que permite
obtener el área de la región encerrada por el gráfico de $f(x)$ y el eje **x**, entre **a** y **t**.

O sea que $A(t) = \displaystyle\int_a^t f(x)\,dx = G(t) - G(a)$, donde $G(t)$ es una primitiva cualquiera de $f(t)$. Entonces,

al calcular el área entre **a** y **b**, obtenemos $\displaystyle\int_a^b f(x)\,dx = G(b) - G(a)$

Conclusión
Regla de Barrow
Si G(x) es una primitiva cualquiera de f(x), que es continua en cualquier valor del intervalo
[a; b] y positiva en [a; b], entonces, $\int_a^b f(x)\,dx = G(b) - G(a)$

La expresión $G(b) - G(a)$ se puede escribir como $G(x)\Big|_a^b$, con lo cual resulta que $\int_a^b f(x)\,dx = G(x)\Big|_a^b$
$= G(b) - G(a)$
Calculemos, entonces, el área que debía hallar Claudio utilizando las propiedades de las funciones
primitivas. Luego, obtenemos lo siguiente:

$$\int_1^6 \left(\frac{1}{10}x^4 - \frac{13}{10}x^3 + \frac{28}{5}x^2 - \frac{46}{5}x + \frac{34}{5}\right)dx = \left(\frac{1}{10}\frac{x^5}{5} - \frac{13}{10}\frac{x^4}{4} + \frac{28}{5}\frac{x^3}{3} - \frac{46}{5}\frac{x^2}{2} + \frac{34}{5}x + k\right)\Big|_1^6 =$$
$$= \left(\frac{1}{50}6^5 - \frac{13}{40}6^4 + \frac{28}{15}6^3 - \frac{23}{5}6^2 + \frac{34}{5}6 + k\right) - \left(\frac{1}{50}1^5 - \frac{13}{40}1^4 + \frac{28}{15}1^3 - \frac{23}{5}1^2 + \frac{34}{5}1 + k\right) =$$
$$= \left(\frac{318}{25} + k\right) - \left(\frac{2.257}{600} + k\right) = \frac{215}{24} \approx 8,9583$$

Observemos que al realizar el cálculo del área, el número real **k** se cancela. Por este motivo, no
importa cuál es la función primitiva de f(x) considerada, pues con cualquiera de ellas obtendremos la misma área. Luego, el área del campo de Claudio es 8,9583 km².

Problema IV

Grafiquemos la función f(x), continua en ℝ. Dicho gráfico es:

a. Como f(x) es una función positiva entre
x = −1 y x = 2, el área pedida es:

$$A = \int_{-1}^2 (x^3 - 5x^2 - 4x + 20)dx =$$

$$\left(\frac{x^4}{4} - 5\frac{x^3}{3} - 4\frac{x^2}{2} + 20x\right)\Big|_{-1}^2 = \frac{68}{3} - \left(-\frac{261}{12}\right) = \frac{171}{4}$$

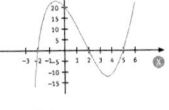

b. En el gráfico de f(x) observamos que entre
x = 2 y x = 3 la función es negativa. Por lo
tanto, no podemos calcular el área utilizando el mismo razonamiento que el empleado
en el ítem **a**. Consideremos la función |f(x)|,
que es positiva en ℝ, y dibujemos las regiones que determinan los gráficos de f(x)
y |f(x)|, respectivamente, con el eje **x** en el
intervalo [2; 3]. El gráfico que obtenemos es:

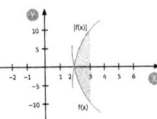

Observemos que las dos regiones que quedan determinadas tienen la misma área. Por lo tanto, considerando la función positiva |f(x)|, en lugar de f(x), podemos hallar el área correspondiente a [2; 3] utilizando el mismo razonamiento que el empleado en el ítem **a**. Luego, como |f(x)| = −f(x) entre x = 2 y x = 3, entonces, el área buscada es la siguiente:

$$A = \int_2^3 |f(x)|dx = \int_2^3 [-f(x)]dx = \int_2^3 (-x^3 + 5x^2 + 4x - 20)dx \left(-\frac{x^4}{4} + 5\frac{x^3}{3} + 4\frac{x^2}{2} - 20x \right)\Big|_2^3$$

$$= \frac{69}{4} - \left(-\frac{69}{3} \right) = \frac{65}{12}$$

c. En el gráfico de f(x) podemos observar que en el intervalo [−1; 3] la función f(x) es positiva para algunos valores de ese intervalo y negativa para otros. Luego, para hallar el área pedida, podemos calcular el valor de $\int_{-1}^3 |f(x)|dx$

Pero para quitar las barras de módulo y colocar la función correspondiente, debemos determinar en qué valores de [−1; 3] la función f(x) es positiva o negativa. Como vemos en el gráfico entre −1 y 2, la función f(x) es positiva; y entre 2 y 3 es negativa. Por lo tanto, debemos calcular las dos áreas por separado.

$$A = \int_{-1}^2 f(x)dx + \int_2^3 |f(x)|dx = \int_{-1}^2 (x^3 - 5x^2 - 4x + 20)dx + \int_2^3 (-x^3 + 5x^2 + 4x - 20)\,dx =$$

$$= \frac{171}{4} + \frac{65}{12} = \frac{289}{4}$$

Integral definida

Si la función f(x) es continua en cualquier valor del intervalo [a; b], llamamos integral definida de f(x) entre los valores a y b al valor de:

$$\int_a^b f(x)dx, \text{ con } \int_a^b f(x)dx = G(b) - G(a), \text{ donde } G(x) \text{ es una primitiva de } f(x).$$

Esta definición es independiente de la positividad o negatividad de f(x). Comprobémoslo calculando la integral definida de f(x) = x³ − 5x² − 4x + 20 entre 2 y 3.
Al hallar el valor de dicha integral, obtenemos lo siguiente:

$$\int_2^3 (x^3 - 5x^2 - 4x + 20)dx = \left(\frac{x^4}{4} - \frac{5x^3}{3} - 2x^2 - 20x \right)\Big|_2^3 = \frac{69}{4} - \frac{68}{3} = -\frac{65}{12}$$

Este valor no es el área, debido a que es negativo. Sin embargo, coincide en valor absoluto con el área que hallamos en el ítem **b**. Por lo tanto, el valor de la integral definida de f(x) entre los valores **a** y **b** coincide con el área de la región determinada por el gráfico de f(x) con el eje **x** en [a; b] solamente si la función f(x) es continua en [a; b] y positiva en (a; b).

Problema V

a. El área que debemos hallar corresponde a una región comprendida entre dos funciones. Por lo tanto, lo primero que tenemos que determinar es entre qué valores de **x** estamos trabajando. Para ello, calculamos los valores de **x** de los puntos de intersección de las funciones f(x) y g(x). Entonces resulta que

$$\left.\begin{array}{l} g(x) = x^2 + 1 \\ f(x) = -x^2 + 3 \end{array}\right\} \Rightarrow x^2 + 1 = -x^2 + 3 \Rightarrow 2x^2 = 2 \Rightarrow x = -1 \text{ o } x = 1$$

Es decir, debemos trabajar con valores de **x** entre –1 y 1.
Si dibujamos la región ubicada debajo del gráfico de f(x) pero sobre el eje **x**, entre x = –1 y x = 1 obtenemos lo siguiente:

Al calcular el área de la figura sombreada, resulta lo siguiente:

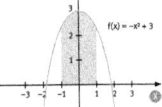

$$\int_{-1}^{1} (-x^2 + 3)dx = \left(-\frac{x^3}{3} + 3x\right)\Big|_{-1}^{1} = \left(-\frac{1^3}{3} + 3 \cdot 1\right) - \left(-\frac{(-1)^3}{3} + 3(-1)\right) = \frac{16}{3}$$

Pero no necesitamos la región hasta el eje **x**, sino hasta g(x). Dibujemos el sector que no necesitamos de la región anterior:

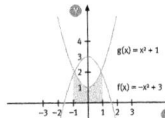

Observemos que ese sector se encuentra debajo del gráfico de g(x) pero sobre el eje **x**, entre x = 1 y x = –1. Luego, el área de dicho sector es la siguiente:

$$\int_{-1}^{1} (x^2 + 1)dx = \left(\frac{x^3}{3} + x\right)\Big|_{-1}^{1} = \left(\frac{1^3}{3} + 1\right) - \left(\frac{(-1)^3}{3} + (-1)\right) = \frac{8}{3}$$

Por lo tanto, el área buscada es $A = \frac{16}{3} - \frac{8}{3} = \frac{8}{3}$

A los cálculos que hicimos para hallar el área pedida, los podemos escribir mediante una única expresión de la siguiente manera:

$$\int_{-1}^{1} (-x^2 + 3)dx - \int_{-1}^{1} (x^2 + 1)dx = \int_{-1}^{1} [(-x^2 + 3) - (x^2 + 1)]dx = \int_{-1}^{1} [f(x) - g(x)]dx$$

b. La región dibujada en el gráfico **b.** posee un sector por sobre el eje **x** y otro por debajo de él. Esto resulta un inconveniente para poder utilizar el razonamiento empleado en el ítem **a.** Trasladamos, entonces, hacia arriba las funciones f(x) y g(x), sin cambiar el área buscada, hasta que la región quede toda por sobre el eje **x**. Para ello, sumemos a ambas funciones un mismo número. Luego, como g(x) ≥ −1 para cualquier valor de **x**, para que toda la región quede por sobre el eje **x** hay que sumar, a ambas funciones, por lo menos 1. Consideremos las funciones $f_1(x) = -x^2 + 17 + 1$ y $g_1(x) = x^2 - 1 + 1$, y dibujemos la región encerrada entre sus gráficos. El gráfico que resulta es el siguiente:

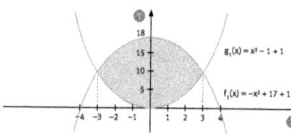

Como lo único que hicimos fue correr hacia arriba las funciones f(x) y g(x), el área de la región encerrada entre los gráficos de f(x) y g(x) es la misma que la que se encuentra entre los gráficos de $f_1(x)$ y $g_1(x)$, pero con la ventaja de que estas nuevas funciones son positivas entre x = −3 y x = 3, que son las abscisas de los puntos de intersección entre f(x) y g(x), y entre $f_1(x)$ y $f_2(x)$. Luego, al hallar el área de la región pedida, resulta que:

$$\int_{-3}^{3} [(-x^2 + 17 + 1) - (x^2 - 1 + 1)]dx = \int_{-3}^{3} (-2x^2 + 18)dx = -2\frac{x^3}{3} + 18x \Big|_{-3}^{3} = 72$$

Observemos que el 1 que sumamos a f(x) y a g(x) se cancela en la operación.

Conclusión

Si a y b son las abscisas de dos puntos consecutivos de la intersección entre las funciones f(x) y g(x), continuas en cualquier valor de [a; b], entonces, el área (A) de la región encerrada entre sus gráficos es:

$$A = \left| \int_{a}^{b} [f(x) - g(x)]dx \right|$$

$\int_{a}^{b} f(x)dx$: integral entre a y b de f(x) diferencial de x, o integral de f(x) diferencial de x entre a y b

1. Dibujen en la carpeta la región limitada por el gráfico de f(x) y las rectas que se indican en cada caso. Calculen, además, el área de dicha región.

a. $f(x) = -x + 5$, el eje **x** y el eje **y**

b. $f(x) = 2x^2 + 4x - 6$ y el eje **x**

c. $f(x) = \cos x + 1$, el eje **x**, $x = 2\pi$ y el eje **y**

d. $f(x) = |x - 2|$ e y = 6

e. $f(x) = 5x + 1$, $g(x) = -x + 7$ y el eje **x**

2. Para cada uno de los siguientes casos, determinen cuál es la opción correcta. Justifiquen el motivo de su elección.

a. El área de la región encerrada entre el gráfico de $f(x) = x^2 - 3x$, $x = 5$ y el eje **x** es:

I. $\int_3^5 f(x)dx - \int_0^3 f(x)dx$ **III.** $\int_0^3 f(x)dx - \int_3^5 f(x)dx$

II. $\int_3^5 f(x)dx$ **IV.** Ninguna de las anteriores.

b. El área de la región comprendida entre el gráfico de $f(x) = x^2 - x$, el eje **x**, $x = -1$ y $x = 3$ es:

I. $\int_{-1}^3 f(x)dx$ **IV.** $\int_1^3 f(x)dx - \int_{-1}^1 f(x)dx$

II. $-\int_{-1}^3 f(x)dx$ **V.** $\int_{-1}^1 f(x)dx - \int_1^3 f(x)dx$

III. $\int_{-1}^0 f(x)dx - \int_0^1 f(x)dx + \int_1^3 f(x)dx$ **VI.** $\int_{-1}^0 f(x)dx + \int_1^3 f(x)dx - \int_0^1 f(x)dx$

3. Obtengan el área de la región determinada por los siguientes gráficos:

a. $f(x) = x^2$ y $g(x) = 9x$

b. $h(x) = \sqrt[3]{x}$ y $l(x) = x$

c. $j(x) = e^{-x}$, $x = -1$, $x = 3$ y el eje **x**

d. $k(x) = \sqrt{x}$, $l(x) = -\sqrt{x}$, $m(x) = \dfrac{1}{x}$ y $x = 9$

e. $h(x) = \dfrac{1}{x-5} + 8$, su asíntota vertical, su asíntota horizontal y los ejes coordenados.

f. $o(x) = 3x - 15$, $p(x) = \dfrac{12}{x-5}$, $y = 12$ y $x = 5$

g. $q(x) = x^2 + 4$ y $r(x) = \dfrac{8}{3}x + \dfrac{40}{3}$

h. $s(x) = \dfrac{1}{x-3} + 2$ y $t(x) = -x - 1$

i. $u(x) = x^2 + 8x$, $y = -\dfrac{3}{2}x$ e $y = \dfrac{57}{4}$

j. $v(x) = \begin{cases} \dfrac{1}{x+3} & \text{si } x < 1 \\ x^2 + 1 & \text{si } x \geq 1 \end{cases}$ y las rectas $x = 0$ y $x = 5$

4. En la carpeta:

a. Grafiquen la recta $y = 2x + 3$, y la región comprendida entre el gráfico de:

$$f(x) = -\frac{3}{4}x^2 + \frac{23}{4}x \text{ y el eje } \mathbf{x}$$

b. Hallen el área de cada uno de los sectores en que está dividida la región anterior y determinen cuál es más grande.

5. Encuentren la función derivada de las siguientes funciones:

a. $A(t) = \displaystyle\int_{2}^{t} \ln x \, dx$

b. $B(t) = \displaystyle\int_{2}^{t} (\ln t) \, x^2 \, dx$

6. Determinen el valor de $\displaystyle\int_{1}^{e} g(x) dx$ si la función $G(x) = \dfrac{2 + \ln^3 x}{x^2}$ es una primitiva de $g(x)$.

7. Obtengan los valores de **t** en los cuales la función $F(t) = \displaystyle\int_{0}^{t} \dfrac{x^2 - x}{x^2 + 1} dx$ tiene máximos o mínimos relativos.

8. Hallen, si existen, los valores positivos de **a** para los cuales el área de la región encerrada entre el gráfico de $h(x) = -\sqrt{x}$, el eje **x**, $x = 0$ y $x = a$ sea 18.

9. Encuentren, si existe, el valor positivo de **m** que verifica que el área de la región comprendida entre el gráfico de $f(x) = x^3 - 4x$ y el de $g(x) = mx$ sea 72.

10. Obtengan, si existe, el valor de **c** menor que 8 para el cual el área de la región limitada por el gráfico de $h(x) = x^2 + c$ y el de $i(x) = -x^2 + 8$ sea 576.

11. Considerando que el área de la siguiente región sombreada es 2, hallen el valor de:

$$\int_{1}^{4} f(x) dx$$

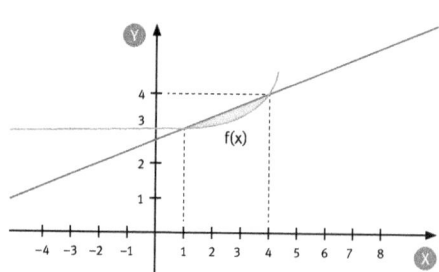

10

Probabilidad y estadística

Las variables aleatorias son instrumentos matemáticos que se utilizan para indicar los resultados de las experiencias probabilísticas. En este capítulo, estudiaremos algunas de las variables aleatorias más usuales y las propiedades que ellas verifican.

Variables aleatorias

Problema I

Consideren las siguientes experiencias:

a. Extraer una lámpara al azar de una caja donde el 20 % son lamparitas rojas; el 35 %, azules, y el resto, verdes.

b. Arrojar una moneda hasta que salga cara.

c. Lanzar un dardo a un círculo que tiene 10 centímetros de diámetro y en el cual está marcado un sistema de ejes cartesianos cuyo origen es el centro del círculo.

Para cada una de las experiencias anteriores, determinen el espacio muestral, y para cada una de ellas, definan alguna función cuyo dominio sea ese espacio muestral.

1. Decidan, en cada caso, si la variable aleatoria que se indica es discreta o continua, y determinen su recorrido.

a. X : Estatura de los alumnos de una escuela.

b. Y : Número de hijos de una familia.

c. Z : La suma de los números obtenidos al tirar tres dados.

d. W : Peso de los bebés nacidos en una determinada maternidad durante el año 2002.

Problema II

Calculen la probabilidad indicada en cada una de los siguientes ítems:

a. Se extrae una lamparita al azar de una caja donde el 20% son lamparitas rojas; el 35%, azules, y el resto, verdes. Se define la variable aleatoria X que asigna al resultado azul el 1; al rojo, el 2, y al verde, el 3. ¿Cuál es la probabilidad de que X sea 2? ¿Y de que sea 1? ¿Y 3?

b. Se arroja una moneda hasta que salga cara y se define la variable aleatoria T que a cada resultado del espacio muestral le asigna la cantidad de tiradas necesarias hasta obtener cara. ¿Cuál es la probabilidad de que T valga 2?

2. Se extrae una remera de una caja en la que hay un 35 % de remeras de talle 1, un 45 % de talle 2, y el resto de talle 3. Se define la variable aleatoria T, que a cada prenda le asigna su talle.

a. ¿Cuál es la probabilidad de que T sea 3?

b. Obtengan la función de probabilidad de T.

3. De los 200 alumnos de una escuela, 60 son rubios, 10 son pelirrojos, 90 son castaños, y el resto son morochos. Se elige un alumno al azar y se considera la variable aleatoria N que a rubio le asigna el 1; a pelirrojo, el 2; a castaño, el 3, y a morocho, el 4.

a. Calculen la probabilidad de N = 3.

b. Encuentren la función de probabilidad de N.

4. Se realiza la experiencia de lanzar un dado hasta obtener un 5 y se define la variable aleatoria S que asigna a cada resultado de la experiencia la cantidad de veces que es necesario lanzar el dado en cada caso.
   a. ¿Cuál es el recorrido de S?
   b. ¿Cuál es la probabilidad de:
      i. S = 4?
      ii. S = 5?
      iii. S = 7?
   c. Hallen la función de probabilidad de S.

5. Una bolsa contiene 4 pelotitas rojas y 6 negras, todas del mismo tamaño. Se sacan al azar tres pelotitas, de a una por vez, y no vuelven a colocarse en la bolsa. La variable aleatoria X se define asignando, a cada resultado posible de extraer tres pelotitas, el número de pelotitas negras extraídas. Determinen la probabilidad de:
   a. X = 1
   b. X = 2
   c. X = 3

6. Una variable aleatoria X tiene como recorrido a $R(X) = \{10; 15; 25; 34\}$ y como función de probabilidad a $h_x(t)$, siendo $h_x(10) = 0,5$, $h_x(25) = h_x(34) = 2 \cdot h_x(15)$. Obtengan todos los valores de $h_x(t)$.

Problema III

La temperatura T (medida en grados centígrados) de solidificación de un líquido colocado en distintas cubetas es una variable aleatoria cuya función de densidad es la siguiente:

$$f_T(t) = \begin{cases} \dfrac{2+t}{4} & \text{si } -2 \leq t \leq 0 \\ \dfrac{2-t}{4} & \text{si } 0 < t \leq 2 \end{cases}$$

a. Verifiquen que $f_T(t)$ es una función de densidad.
b. ¿Cuál debe ser la temperatura para que la probabilidad de que el líquido se solidifique, o por lo menos esa temperatura, sea 0,8?

7. Indiquen si cada una de las siguientes funciones es la función de densidad de una variable aleatoria X. Justifiquen sus respuestas.

a. $f_X(t) = \begin{cases} 0 & \text{si } t < 4 \\ \dfrac{t-4}{18} & \text{si } 4 \leq t \leq 10 \\ 0 & \text{si } t > 10 \end{cases}$

b. $f_X(t) = \begin{cases} \dfrac{15-t}{98} & \text{si } 1 \leq t \leq 15 \\ 1 & \text{si } t < 1 \text{ o } t > 15 \end{cases}$

8. Para cada una de las funciones de la actividad 7., que sea función de densidad, calculen las probabilidades que se indican, considerando que la variable aleatoria de dicha función es X.

a. $P(X < 6) =$

b. $P(5 < X < 9) =$

c. $P(X > 1) =$

d. $P(X < 3) =$

e. $P(X \geq 10) =$

9.

a. Hallen los valores de **a** para que la función de densidad de una variable aleatoria X sea:

$$f_x(t) = \begin{cases} a \cdot t & \text{si } 0 \leq t \leq 10 \\ 0 & \text{si } t < 0 \text{ o } t > 10 \end{cases}$$

b. Para los valores de **a** obtenidos, determinen la función de distribución.

c. Calculen $P(X > 7)$ y $P(1 < X < 9)$.

10.

a. Encuentren los valores de **a** para que la función

$$f_x(t) = \begin{cases} a \cdot t & \text{si } 0 \leq t \leq 1 \\ a & \text{si } 1 < t < 8 \\ -\dfrac{a}{2} t + 5a & \text{si } 8 \leq t \leq 10 \end{cases}$$

sea la función de densidad de una variable aleatoria X.

b. Para los valores de **a** hallados, obtengan $P(0,5 < X < 5)$.

11. La variable aleatoria X correspondiente al precio (en pesos) de un cierto producto tiene la siguiente función de densidad:

$$f_x(t) = \begin{cases} \dfrac{1}{5} & \text{si } 4 \leq t \leq 9 \\ 0 & \text{si } t < 4 \text{ o } t > 9 \end{cases}$$

a. Determinen la probabilidad de que el precio del producto esté entre $ 5 y $ 8.

b. Calculen la probabilidad de que el precio del producto sea menor que $ 6.

c. Hallen la probabilidad de que el precio del producto sea mayor que $ 7.

d. Encuentren la función de distribución de X.

Problema IV

Si la experiencia del ítem a. del problema II, de extraer al azar una lamparita, se repite una gran cantidad de veces, y cada vez se anota el valor de la variable aleatoria, ¿cuáles son la media aritmética, la varianza y el desvío estándar de la variable aleatoria?

17. En una escuela, el 35 % de los docentes viaja al trabajo en auto, el 38 % lo hace en colectivo, y los restantes llegan a la escuela caminando. Consideren la variable aleatoria que asigna un 1 a los docentes que van a la escuela en auto, un 2 a los que lo hacen en colectivo y un 3 a los que van caminando. Obtengan la media aritmética y la varianza de dicha variable aleatoria.

18. La función de distribución de una variable aleatoria X es:

$$f_X(t) = \begin{cases} 0 & \text{si } t < 0 \\ 3t & \text{si } 0 \le t \le \frac{1}{3} \\ 1 & \text{si } t > \frac{1}{3} \end{cases}$$

a. Encuentren la función de densidad de X.

b. Determinen la media aritmética y el desvío estándar de la variable aleatoria X.

19. La variable aleatoria X tiene como recorrido a $R(X) = [0; 6]$ y como función de densidad a $f_X(t) = \frac{1}{4} - m \cdot t$, donde **m** es un número real.

a. Hallen el valor de **m**.

b. Calculen la media aritmética y la varianza de la variable aleatoria X.

c. Grafiquen en la carpeta la función $f_X(t)$.

d. Obtengan estas probabilidades:
  i. $P(X < 3) =$
  ii. $P(3 < X < 5) =$

Problema V

Se realiza 3 veces el siguiente procedimiento: extraer una lamparita de una caja que contiene un 90 % de lamparitas en buen estado, anotar si la lamparita está en buen estado o es defectuosa, y devolverla a la caja. La variable aleatoria se define asignando, a cada uno de los resultados posibles de extraer tres lamparitas, la cantidad de lamparitas extraídas en buen estado. ¿Cuál es la media aritmética y la varianza de dicha variable aleatoria?

Problema VI

En una población se miden las alturas, en centímetros, de los individuos que la componen. La media aritmética es 175 y el desvío estándar 15, y la función de densidad, la siguiente:

$$f(x) = \frac{1}{15\sqrt{2\pi}} \cdot e^{-\frac{1}{2}\left(\frac{x-175}{15}\right)^2}, \text{ con Dom } f = \mathbb{R}.$$

a. Grafiquen la función de densidad.
b. ¿Qué porcentaje de individuos mide entre 160 cm y 180 cm?
c. ¿Cuál es el porcentaje de individuos cuya altura es mayor que 195 cm?
d. ¿Qué porcentaje de los individuos mide menos de 165 cm?

15. El peso en kilogramos de un grupo de bebés recién nacidos es una variable aleatoria normal, con una media aritmética de 3,4 y un desvío estándar de 0,25. Si se elige al azar un bebé de dicho grupo, ¿cuál es la probabilidad de que:
a. pese menos de 3 kg?

b. su peso esté entre 2,5 kg y 4 kg?

c. tenga un peso mayor que 4,5 kg?

16. La longitud, en centímetros, de las espigas de trigo que se obtienen con determinado tipo de semilla es la variable aleatoria N(30 ; 1,6). Hallen el porcentaje de espigas que:
a. miden entre 29 cm y 35 cm.

b. tienen una longitud mayor que 40 cm.

c. miden menos de 30 cm.

17. La variable aleatoria N(66; 5) corresponde al peso, en kilogramos, de una población de 5.000 estudiantes.
a. ¿Cuántos estudiantes tienen un peso mayor que 76 kg?

b. ¿Qué cantidad de estudiantes pesan entre 60 kg y 80 kg?

c. ¿Cuál es el número de estudiantes cuyo peso es menor que 55 kg?

18. El sueldo, en pesos, de los 200 docentes que trabajan en una escuela es una variable aleatoria normal, con media aritmética 3.000 y desvío estándar 500. El personal de dicha escuela está agrupado en 3 categorías, A, B y C, según el salario que percibe. En la categoría A, se encuentran los que ganan más de $ 5.000; en la categoría B, los que perciben entre $ 2.500 y $ 5.000, y en la categoría C, los que tienen un sueldo menor que $ 2.500. ¿Cuántos docentes hay en cada categoría?

Problema VII

En una caja hay 20.000 tornillos, clasificados en tres categorías: fino, normal e intermedio, de acuerdo con su espesor. Sabiendo que el espesor X de los tornillos (medido en milímetros) es una variable aleatoria normal con media aritmética 2 y desvío estándar 0,5, completen la siguiente tabla.

Categoría	Fino	Normal	Intermedio
Espesor (en mm)	$X < 1$	$1 \leq X < 2,2$	$X \geq 2,2$
Cantidad de tornillos			

19. El peso, en kilogramos, de una población de mujeres es la variable aleatoria N(55; 2). ¿Cuál es el máximo peso del 11,9 % de las mujeres más delgadas?

20. La medida del diámetro de un cierto tipo de tornillos fabricados por una máquina es una variable aleatoria normal, con una media aritmética de 8 mm. De los tornillos producidos por la máquina, el 10 % es frágil, porque tiene un diámetro menor que 5 mm.
   a. ¿Cuál es el desvío estándar de la variable aleatoria?
   b. ¿Qué porcentaje de los tornillos fabricados por la máquina tienen un diámetro mayor que 10 mm?

21. La variable aleatoria N(16; 3,24) corresponde a un grupo de datos, de los cuales 450 son menores que 13,3. ¿Cuál es la cantidad total de datos de dicho grupo?

22. La calificación en un cierto examen es una variable aleatoria N(5,5; 1). Si el 10 % de los alumnos que rindieron dicho examen obtuvo sobresaliente, ¿a partir de qué nota se otorgó esa calificación?

Variables aleatorias

Problema I

Llamando M al espacio muestral de la experiencia **a.**, podemos considerar M = {azul; roja; verde}. Para definir una función, asignamos un número real a cada elemento del espacio muestral, por ejemplo:

azul — ► 1,   rojo — ► 2,   verde — ► 3.

Queda definida, entonces, una función X cuyo dominio es M y que verifica que X (azul) = 1, X (rojo) = 2 y X (verde) = 3. A esta función X se la llama **variable aleatoria.**

Variable aleatoria

Una **variable aleatoria** es una función que, a cada elemento del espacio muestral de una experiencia, le asigna un número real.
El **recorrido** de una variable aleatoria X, que se denota R(X), es el conjunto de valores que ella toma; dicho de otro modo, es la imagen de la función X.

En la experiencia **a.**, el recorrido de la variable aleatoria X es R(X) = {1; 2; 3}.
Continuemos resolviendo el problema **I**.
Si en la experiencia **b.** llamamos **s** al resultado ceca y **c** al resultado cara, el espacio muestral está formado por una letra **c** y por sucesiones de la letra **s**, en las cuales la letra **c** ocupa el último lugar. Luego, la variable aleatoria puede ser la cantidad de veces que se debe arrojarse la moneda hasta que salga cara. Llamando T a dicha variable, resulta que:
T(c) = 1, T(sc) = 2, T(ssc) = 3, T(sssc) = 4, T(ssssc) = 5, ...

El recorrido de la variable aleatoria T es R(T) = {1; 2; 3; 4; 5; ...}, esto es, el conjunto de los números naturales. Notemos que R(X) es un conjunto finito y que R(T) es un conjunto numerable (es decir, que sus elementos pueden ser puestos en una lista). Cuando esto sucede, se dice que la variable aleatoria es **discreta**, con lo cual X y T son variables aleatorias discretas.

Una variable aleatoria es **discreta** si su recorrido es un conjunto finito o numerable.

Para la experiencia **c.**, el espacio muestral está formado por todos los puntos que pertenecen al círculo, pues el dardo puede caer en cualquiera de esos puntos.

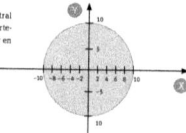

La variable aleatoria puede ser, entonces, la distancia del punto donde cae el dardo al centro del círculo. Luego, si llamamos Z a dicha variable aleatoria y $(x; y)$ a un punto cualquiera del círculo, resulta que $Z(x; y) = \sqrt{x^2+y^2}$. Como $Z(x; y)$ es un valor que pertenece al intervalo $[0; 10]$, $R(Z) = [0; 10]$. Notemos que $R(Z)$ no es un conjunto finito ni numerable; por lo tanto, la variable aleatoria Z no es discreta sino **continua**.

Una variable aleatoria es continua si su recorrido es un intervalo o la unión de intervalos de números reales.

Problema II

a. Para que X sea 2, la lamparita extraída debe ser roja. Como la caja contiene un 20 % de lamparitas rojas, la probabilidad de que X sea 2 es 0,2. De igual manera, podemos determinar la probabilidad de cada elemento del recorrido de X. Luego, resulta:

$P(X = 1) = P$ (azul) $= 0,35$

$P(X = 2) = P$ (rojo) $= 0,2$

$P(X = 3) = P$ (verde) $= 0,45$

Notemos que $P(X = 1) + P(X = 2) + P(X = 3) = 1$

La asignación de una probabilidad a cada elemento del recorrido de una variable aleatoria define una función llamada **función de probabilidad**.

Función de probabilidad

La función de probabilidad $h_x(r)$ de la variable aleatoria discreta X es una función que, a cada elemento r del recorrido de X, le asigna la probabilidad del siguiente suceso:

x es igual a r. Es decir: $h_x(r) = P(x = r)$.

Propiedades de la función de probabilidad

• **Los valores que toma una una función de probabilidad $h_x(r)$ son números reales mayores o iguales que 0 y menores o iguales que 1; es decir, $0 \le h_x(r) \le 1$**

Esto se debe a que $h_x(r)$ es el resultado de una probabilidad, y esta siempre es un número real perteneciente al intervalo $[0; 1]$.

• **La suma de todos los valores que toma una función de probabilidad $h_x(r)$ es 1.**

Como la variable aleatoria X es discreta, entonces, $R(X) = \{r_1 ; r_2 ; ... ; r_n ; ...\}$, donde los elementos de $R(X)$ son números reales. Luego, $h_x(r_1) + h_x(r_2) + ... + h_x(r_n) + ... = P(X = r_1) + P(X = r_2) + ... + P(X = r_n) + ... = P(\text{que X valga } r_1 \text{ o } r_2 ... \text{ o } r_n \text{ o } ...) = 1$

(es que los sucesos excluyentes)

Continuemos con la resolución del problema II.

b. Al arrojar una moneda, la probabilidad de c (que salga cara) y la probabilidad de s (que salga ceca) es $\frac{1}{2}$. Entonces, $P(T = 1) = P(c) = \frac{1}{2}$, $P(T = 2) = P(sc) = \left(\frac{1}{2}\right)^2$

$P(T = 3) = P(ssc)\left(\frac{1}{2}\right)^3$, $P(T = 4) = P(sssc) = \left(\frac{1}{2}\right)^4$ y, en consecuencia, $P(T = 7) = P(ssssssc)\left(\frac{1}{2}\right)^7$

Función de densidad y función de distribución

La función de densidad $f_x(r)$ de la variable aleatoria continua X es una función que, a cada elemento r del recorrido de X, le asigna un número real mayor o igual que cero, de forma tal que el área bajo el gráfico de $f_x(r)$ y por sobre R(X) es 1, siendo:

$P(a < X < b) = \int_a^b f_x(r)\,dr$, es decir, el área de la región limitada por el gráfico de $f_x(r)$,

el eje r, $r = a$ y $r = b$, con $a \in R(x)$ y $b \in R(x)$.

Por ejemplo, consideremos la función $f_x: [0; 10] \to R$, con $f_x(r) = \dfrac{r}{50}$

Como $r \in [0; 10]$, entonces, $f_x(r)$ toma valores mayores o iguales que cero. Además, se verifica

que $\int_0^{10} \dfrac{r}{50}\,dr = \dfrac{r^2}{100}\Big|_0^{10} = 1$; es decir, el área de la región limitada por el gráfico de $f_x(r)$ y el

eje r, entre $r = 0$ y $r = 10$, es 1. Por lo tanto, la función $f_x(r)$ es una función de densidad.

Como $\int_a^b \dfrac{r}{50}\,dr = \dfrac{r^2}{100}\Big|_a^b = \dfrac{b^2 - a^2}{100}$ y esta expresión es la probabilidad que definimos en el ítem c.

del problema II, entonces, la función $f_x(r)$ es la función de densidad de la variable aleatoria Z correspondiente a dicho ítem.

La función de distribución $F_x(t)$ de una variable aleatoria continua X es la función que a cada valor t, con $t \in R(x)$, le asigna la probabilidad del siguiente suceso:

X menor o igual que t. Es decir: $F_x(t) = P(X \le t) = \int_{-\infty}^{t} f_x(r)\,dr$

Problema III

a. Grafiquemos la función $f_z(t)$:

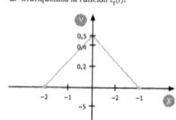

Observamos en el gráfico que $f_z(t)$ toma valores mayores o iguales que cero. Para constatar que el área de la región limitada por el gráfico de $f_z(t)$, el eje r, $r = -2$ y $r = 2$ es 1, hallamos el área A del triángulo de base 4 y altura 0,5:

$A = \dfrac{4 \cdot 0,5}{2}$. Por lo tanto, la función $f_z(t)$ es una función de densidad.

b. Debemos encontrar una temperatura t_0 para la cual la probabilidad de que la temperatura de solidificación sea mayor que t_0 sea 0,02; es decir, que $P(T \geq t_0) = 0,02$

Los sucesos $(T \geq t_0)$ y $(T < t_0)$ son complementarios, con lo cual $P(T \geq t_0) + P(T < t_0) = 1 \Rightarrow$ $P(T < t_0) = 1 - 0,02 = 0,98$

Por lo tanto, el área bajo el gráfico de la función densidad entre -2 y t_0 debe ser 0,98. Como el área entre -2 y 0 es 0,5, y 0,98 es un área mayor, entonces, t_0 debe ser un valor entre 0 y 2.

Observemos el siguiente gráfico:

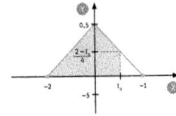

La figura sombreada está formada por un triángulo rectángulo cuya área es $\frac{1}{2}$ y un trapecio rectángulo con 0,5 de base mayor, $f_x(t_0) = (2 - t_0) : 4$ de base menor y t_0 de altura. Luego, al calcular el área de la figura sombreada, resulta:

$$\frac{1}{2} + \frac{[0,5 + (2 - t_0) : 4] \cdot t_0}{2} = 0,98 \Rightarrow 0,5 + 0,5 \cdot t_0 - 0,125 \cdot t_0^2 = 0,98 \Rightarrow$$

$$\Rightarrow -0,48 + 0,5 \cdot t_0 - 0,125 \cdot t_0^2 = 0 \Rightarrow t_0 = 1,6 \text{ o } t_0 = 2,4$$

Pero como t_0 debe ser menor que 2, entonces, $t_0 = 1,6$. Por lo tanto, el 2 % del líquido se solidifica a más de 1,6 °C.

Problema IV

En la experiencia de extraer una lamparita, la variable aleatoria es discreta. Cuando una experiencia se repite una gran cantidad de veces la frecuencia relativa de cada resultado de la experiencia se aproxima a la probabilidad teórica. Es decir que la frecuencia relativa de cada resultado r_i, o sea, fr_i se aproxima a $h_x(r_i)$. Entonces, al calcular la media aritmética, si f_i es la frecuencia de r_i, obtenemos lo siguiente:

$$\bar{r} = \frac{\sum r_i \cdot f_i}{\sum f_i} = \sum \left(r_i \cdot \frac{f_i}{\sum f_i} \right) = \sum r_i \cdot fr_i \cong \sum r_i \cdot h_x(r_i)$$

La esperanza o media aritmética de una variable aleatoria discreta X con función de probabilidad $h_x(r)$, se denota $E(X)$ o μ y es el resultado de este cálculo: $\sum_{r \in R_x} r \cdot h_x(r)$

La varianza de una variable aleatoria discreta X con función de probabilidad $h_x(r)$ se denota $V(X)$ o v y es el resultado de este cálculo: $\sum_{r \in R_x} (r - \mu)^2 \cdot h_x(r)$

El desvío estándar de una variable aleatoria discreta X se denota σ y es la raíz cuadrada de la varianza. Es decir que: $\sigma = \sqrt{v}$

En el ítem **a.**, la esperanza es, entonces:
$\mu = 1 \cdot 0,35 + 2 \cdot 0,2 + 3 \cdot 0,45 = 2,1$

Para calcular la varianza, utilizamos esta tabla:

i	1	2	3
$i - \mu$	−1,1	−0,1	0,9
$(i - \mu)^2$	1,21	0,01	0,81
$\rho_i(i)$	0,35	0,2	0,45

Luego, $v = 1,21 \cdot 0,35 + 0,01 \cdot 0,2 + 0,81 \cdot 0,45 = 0,79$
Por lo tanto, la media aritmética es 2,1, la varianza es 0,79 y el desvío estándar es $\sqrt{0,79}$, es decir, aproximadamente 0,89.

La **esperanza** o **media aritmética** de una variable aleatoria continua X, cuya función de densidad $f_x(x)$ está definida en el intervalo [a; b], se denota E(X), o μ, y se calcula de la siguiente manera: $E(X) = \mu = \int_a^b x \, f_x(x) \, dx$

La **varianza** de una variable aleatoria continua X, cuya función de densidad $f_x(x)$ está definida en el intervalo [a; b], se denota V(X), o v, y se calcula de esta manera:

$V(X) = v = \int_a^b (x - \mu)^2 f_x(x) \, dx$

El desvío estándar de una variable aleatoria continua X se denota σ y es la raíz cuadrada de la varianza. Es decir: $\sigma = \sqrt{v}$

Problema V

Consideremos que **b** significa *lamparita en buen estado* y **d**, *lamparita defectuosa*. La probabilidad de extraer una lamparita en buen estado, o sea, P(b), es 0,9, y la probabilidad de extraer una lamparita defectuosa, o sea, P(d), es 0,1. Como la extracción de cada lamparita se hace en las mismas condiciones, las probabilidades anteriores no se modifican. Además, como las extracciones son independientes, las probabilidades correspondientes se multiplican. Si el valor de la variable aleatoria es 3, entonces, las tres lamparitas extraídas están en buen estado, con lo cual resulta: $P(X = 3) = P(bbb) = 0,9^3 = 0,729$. En cambio, si el valor de la variable aleatoria es 2, entonces, dos de las tres lamparitas extraídas están en buen estado. La cantidad de formas de elegir, entre 3 lamparitas, a 2 en buen estado es el número combinatorio $\binom{3}{2}$.

Luego, $P(X = 2) = P(\text{bbd} \quad \text{bdb} \quad \text{dbb}) = \begin{pmatrix} 3 \\ 2 \end{pmatrix} \cdot 0{,}9^2 \cdot 0{,}1 = 0{,}243$

Realizando un razonamiento similar al anterior, para los restantes valores de la variable aleatoria, obtenemos: $P(X = 1) = P(\text{bdd} \quad \text{dbd} \quad \text{ddb}) = \begin{pmatrix} 3 \\ 1 \end{pmatrix} \cdot 0{,}9 \cdot 0{,}1^2 = 0{,}027$ y $P(X = 0) = P(\text{ddd}) = 0{,}1^3 = 0{,}001$

Llamamos **variable aleatoria binomial B** a una variable aleatoria discreta que cuenta la cantidad de éxitos para una experiencia que se realiza n veces y en la cual los posibles resultados son éxito o fracaso.

Si p es la probabilidad de éxito y $1 - p$ es la probabilidad de fracaso, la probabilidad de obtener k éxitos en n veces es $B(k; n; p) = \begin{pmatrix} n \\ k \end{pmatrix} \cdot p^k \cdot (1 - p)^{n-k}$

Luego, en el problema **V**, la variable aleatoria es binomial, siendo $n = 3$ y $p = 0{,}9$. Como dicha variable aleatoria es discreta, calculamos la media aritmética y la varianza de la siguiente manera:

$\mu = 3 \cdot 0{,}9^3 + 2 \cdot 3 \cdot 0{,}9^2 \cdot 0{,}1 + 1 \cdot 3 \cdot 0{,}9 \cdot 0{,}1^2 + 0 \cdot 0{,}1^3 = 2{,}7$

t	0	1	2	3
$(t - 2{,}7)^2$	7,29	2,89	0,49	0,09
Probabilidad	0,001	0,027	0,243	0,729

$V(X) = 7{,}29 \cdot 0{,}001 + 2{,}89 \cdot 0{,}027 + 0{,}49 \cdot 0{,}243 + 0{,}09 \cdot 0{,}729 = 0{,}27$

Propiedad de la variable aleatoria binomial

• Si B es una variable aleatoria binomial, siendo **n** la cantidad de repeticiones y **p** la probabilidad de éxito, entonces, se verifica que $E(B) = n \cdot p$ y $V(B) = n \cdot p \cdot (1 - p)$

$B(k; n; p)$: variable aleatoria binomial de una experiencia realizada n veces y en la que se obtienen k éxitos, cada uno con probabilidad p

Problema VI

a. Realizando el estudio completo de la función $f_x(t)$, podemos determinar que en $r = 175$ dicha función tiene un máximo relativo, y que $r = 160$ y $r = 190$ son las abscisas de los puntos de inflexión. Luego, el gráfico de la función $f_x(t)$ es

Este gráfico se llama **campana de Gauss** y corresponde a una variable aleatoria que se denomina **normal**.

Variable aleatoria normal

Llamamos variable aleatoria normal a una variable aleatoria X con media aritmética μ y desvío estándar σ cuya función de densidad es $f_x(r) = \dfrac{1}{\sigma\sqrt{2\pi}} \cdot e^{-\frac{1}{2}\left(\frac{r-\mu}{\sigma}\right)^2}$

Para indicar que X es dicha variable aleatoria normal, se escribe la siguiente expresión:

$$X \sim N(\mu; \sigma)$$

Propiedades de la variable aleatoria normal

- **El gráfico de la función de densidad $f_x(r)$ de una variable aleatoria normal $N(\mu; \sigma)$ es simétrico respecto de la recta $r = \mu$, presenta un máximo absoluto en $r = \mu$, y los valores $\mu - \sigma$ y $\mu + \sigma$ son las abscisas de los puntos de inflexión.**

- **Si $f_x(r)$ es la función de densidad de una variable aleatoria normal $N(\mu; \sigma)$, entonces, $g(r) = \sigma \cdot f(\sigma \cdot r + \mu)$ es la función de densidad de una variable aleatoria normal $N(0; 1)$.**

  Como $f_x(r)$ es la función de densidad de una variable aleatoria normal $N(\mu; \sigma)$, entonces,

  $f_x(r) = \dfrac{1}{\sigma\sqrt{2\pi}} \cdot e^{-\frac{1}{2}\cdot\frac{r-\mu}{\sigma}}$. Luego, $g(r) = \sigma \cdot f(\sigma \cdot r + \mu) \Rightarrow$

  $\Rightarrow g(r) = \sigma \cdot \dfrac{1}{\sigma\sqrt{2\pi}} \cdot e^{-\frac{1}{2}\left(\frac{\sigma\cdot r + \mu - \mu}{\sigma}\right)^2} = \dfrac{1}{\sqrt{2\pi}} \cdot e^{-\frac{1}{2}\cdot r^2}$, que es la función de densidad de una variable aleatoria $N(0; 1)$.

Continuemos resolviendo el problema **VI**.

b. Como $f_x(t)$ es la función de densidad, la probabilidad de que la variable aleatoria normal X tome valores entre 160 y 180 es:

$$P(160 < X < 180) = \int_{160}^{180} \dfrac{1}{15\sqrt{2\pi}} \cdot e^{-\frac{1}{2}\left(\frac{t-\mu}{\sigma}\right)^2} dt$$

A esa integral no la podemos calcular con los conceptos que hemos estudiado anteriormente. Sin embargo, podemos usar una tabla donde figuran las áreas de las distintas regiones determinadas por el gráfico de la función de densidad $f_x(t)$ y el eje r. Aunque dicha tabla corresponde a la variable aleatoria $N(0; 1)$, existe una forma de calcular el área referida a cualquier variable aleatoria normal.

Si $f_x(r)$ es la función de densidad de $X \sim N(\mu; \sigma)$, entonces, $P(a < X < b) = \int_a^b f_x(r)\,dr$

Considerando que $r = \sigma t + \mu$, resulta que $dr = \sigma\,dt$

Luego, si $r = a \Rightarrow t = \dfrac{a-\mu}{\sigma}$, y si $r = b \Rightarrow t = \dfrac{b-\mu}{\sigma}$. Por lo tanto,

$$\int_a^b f_x(r)\,dr = \int_{\frac{a-\mu}{\sigma}}^{\frac{b-\mu}{\sigma}} f_x(\sigma t + \mu)\,\sigma\,dt = \int_{\frac{a-\mu}{\sigma}}^{\frac{b-\mu}{\sigma}} g(t)\,dt = P\left(\dfrac{a-\mu}{\sigma} < Z < \dfrac{b-\mu}{\sigma}\right)$$

Esta última expresión es la probabilidad de una variable aleatoria $Z \sim N(0; 1)$. Por medio de ella y utilizando la tabla, podemos calcular el área pedida.

Conclusión

Si $X \sim N(\mu; \sigma)$ y $Z \sim N(0; 1)$, entonces, $P(a < X < b) = P\left(\dfrac{a - \mu}{\sigma} < Z < \dfrac{b - \mu}{\sigma}\right)$, donde $a \in P(X)$ y $b \in P(X)$.

En el caso del problema **VI**, tenemos que:

$$\int_{140}^{180} f_X(t)\,dt = \int_{\frac{140-175}{15}}^{\frac{180-175}{15}} g(t)\,dt = \int_{-1}^{0,33} g(t)\,dt = P(-1 < Z < 0,33)$$

Analicemos qué información nos brinda, cómo se utiliza la tabla mencionada y que encontraremos en el Anexo al final del capítulo. Un fragmento de dicha tabla es el siguiente:

Tabla de áreas bajo la curva n (0; 1)

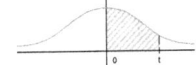

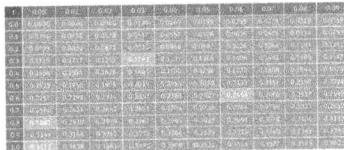

Los números de la tabla son las correspondientes áreas para los valores entre 0 y t. Como queremos calcular $P(-1 < Z < 0,33)$, necesitamos el área entre -1 y $0,33$. Esta área podemos subdividirla en dos áreas: una, entre -1 y 0; y la otra, entre 0 y $0,33$.

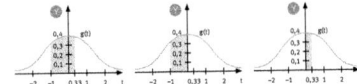

Como la función de densidad g(t) es simétrica respecto del eje y, entonces, el área entre –1 y 0 es igual al área entre 0 y 1. Por lo tanto, para hallar esta área buscamos en la tabla el valor asignado a $t = 1$, que es 0,3413. Para el área entre 0 y 0,33, buscamos el valor que corresponde a $t = 0,33$, el cual es 0,1293. Luego, el área buscada es $0,3413 + 0,1293 = 0,4706$, con lo cual $P(160 < X < 180) = 0,4706$. Entonces, el 47,06 % de los individuos de la población mide entre 160 cm y 180 cm.

c. En este ítem, debemos hallar $P(X > 185)$, es decir, el área para valores de r mayores que 185, que para $N(0; 1)$ es el área para valores de t mayores que $\frac{185 - 175}{15} = 0,66$. A esta área la podemos obtener como la diferencia entre el área para los mayores que 0 y el área entre 0 y 0,66:

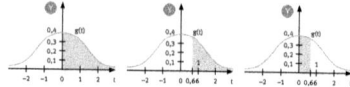

Por ser g(t) una función de densidad, el área de toda la región determinada por el gráfico de g(t) y el eje t es 1. Luego, como dicho gráfico es simétrico respecto de la recta $t = 0$, las áreas para t menor que 0 y para t mayor que 0 son iguales, cada una es 0,5.

Para hallar el área entre 0 y 0,66, buscamos en la tabla el valor correspondiente a $t = 0,66$ y obtenemos 0,2454. Por lo tanto, el área a partir de 0,66 es $0,5 - 0,2454 = 0,2546$, con lo cual el 25,46 % de los individuos de la población mide más de 185 cm.

d. Necesitamos calcular: $P(X < 163)$, es decir, el área para valores de r menores que 163, que para $N(0; 1)$ es el área para valores de t menores que $\frac{163 - 175}{15} = -0,8$. Luego, como esta área es igual a la correspondiente para valores de t mayores que 0,8, procedemos de la misma manera que en el ítem anterior:

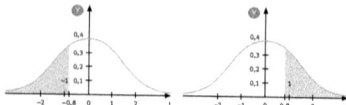

El valor de la tabla que corresponde a $t = 0,8$ es 0,2881, entonces, el área buscada es $0,5 - 0,2881 = 0,2119$. Por lo tanto, el 21,19 % de los individuos de la población mide menos de 163 cm.

Problema VII

Para determinar cuántos tornillos hay en cada categoría, podemos calcular el porcentaje como lo hicimos en el problema **VI**. En el caso de los tornillos finos, obtenemos:

$$P(X < 1) = P\left\{Z < \frac{1-2}{0,5} = -2\right\} = P(Z > 2) = 0,5 - 0,4772 = 0,0228$$

Luego, el porcentaje de tornillos finos es 2,28 % y, como en total hay 20.000 tornillos, la cantidad de tornillos finos es 4.560.

Para los tornillos normales, resulta:

$$P(1 \leq X \leq 2,2) = \left[P\frac{1-2}{0,5} \leq Z \leq \frac{2,2-2}{0,5}\right] - 2 = \\ = P(-2 \leq Z \leq 0,4)$$

Subdividimos el área entre −2 y 0,4 en el área entre −2 y 0, y el área entre 0 y 0,4:

Para obtener el área entre −2 y 0, hallamos el área entre 0 y 2. Luego, el valor correspondiente a t = 2 en la tabla es 0,4772. Para encontrar el área entre 0 y 0,4, buscamos el valor que corresponde a t = 0,4, que es 0,1554. Entonces, el área entre −2 y 0,4 es 0,4772 + 0,1554 = 0,6326. Por lo tanto, hay un 63,26 % de tornillos normales, y la cantidad de ellos es 12.652. Luego, al completar la tabla, resulta:

Categoría	Fino	Normal	Intermedio
Espesor (en mm)	X < 1	1 ≤ X ≤ 2,2	X > 2,2
Cantidad de tornillos	4.560	12.652	20.000 − 4.560 − 17.652 = 2.788

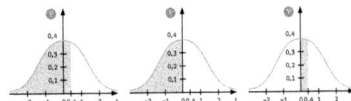

1. Una caja contiene 15 cartas numeradas del 10 al 24. Se extrae una carta al azar y se definen las variables aleatorias. X: Cantidad de divisores naturales del número extraído. Y: Suma de las cifras del número extraído. Z: Producto de las cifras del número extraído.

a. Para cada una de las variables aleatorias, hallen su recorrido.

b. Encuentren la función de probabilidad de cada una de ellas.

c. Calculen estas probabilidades:

I. $P(1 < X < 5) =$

II. $P(Y > 10) =$

III. $P(Z \geq 0) =$

IV. $P(1 \leq X \leq 6) =$

V. $P(6 < Y < 8) =$

VI. $P(2 < Z < 10) =$

2. La función de probabilidad $h_X(t)$ de una variable aleatoria X está definida por medio de la siguiente tabla:

t	8	12	17	20
$h_X(t)$	$7a$	$0,1$	b	$2a$

a. Determinen los valores de **a**, **b** y **c** que verifican que $P(X \leq 10) + 2 \cdot P(X > 17) = 1,2$ y $P(10 < X < 18) = 0,3$

b. Obtengan $P(X \geq 12)$, $P(X > 20)$ y $P(X < 8)$

3. En una bolsa hay 5 caramelos de limón, 7 de menta y 8 de frutilla. De ella se extraen 4 caramelos al azar y se considera la variable aleatoria X que figura a continuación. X: Cantidad de caramelos de frutilla extraídos.

a. ¿Es X una variable aleatoria discreta o continua?

b. Hallen $R(X)$.

c. Obtengan la función de probabilidad de la variable aleatoria X.

d. Calculen la probabilidad de que la cantidad de caramelos de frutilla extraídos sea mayor que la de los otros sabores.

4. El 3 % de las botellas producidas por una máquina son defectuosas. Si se eligen 10 botellas al azar, ¿qué probabilidad hay de que:

a. solo una sea defectuosa?

b. ninguna sea defectuosa?

c. la cantidad de botellas defectuosas sea mayor que la cantidad de botellas no defectuosas?

5. Indiquen si cada una de las siguientes funciones es la función de densidad de una variable aleatoria X.

a.
$$f_x(t) = \begin{cases} t+1 & \text{si } 0 \le t \le \frac{1}{4} \\ \frac{33}{5}t - \frac{2}{5} & \text{si } \frac{1}{4} \le t \le \frac{8}{5} \end{cases}$$

c.
$$f_x(t) = \begin{cases} \frac{1}{18}t & \text{si } 0 \le t \le 6 \\ 0 & \text{si } t < 0 \text{ o } t > 6 \end{cases}$$

b.
$$f_x(t) = \begin{cases} \frac{1}{4}t & \text{si } 0 \le t \le 4 \\ 0 & \text{si } t < 0 \text{ o } t > 4 \end{cases}$$

d.
$$f_x(t) = \begin{cases} 1 & \text{si } 0 \le t < 1 \\ 0 & \text{si } t < 0 \text{ o } t \ge 1 \end{cases}$$

6. La altura, en centímetros, de ciertos arbustos que se obtienen por un injerto en un vivero es una variable aleatoria normal con media aritmética 163 y desvío estándar 15.

a. Hallen el porcentaje de arbustos que:
I. mide más de 180 cm.

II. tiene una altura entre 138 cm y 175 cm.

III. mide menos de 160 cm.

b. Sabiendo que en el vivero hay 20.000 de los mencionados arbustos, obtengan la cantidad de ellos que:
I. posee una altura mayor que 180 cm.

II. mide entre 138 cm y 175 cm.

III. tiene una altura menor que 160 cm.

7. El tiempo de espera, en minutos, para realizar un trámite en un banco es la variable aleatoria N(3,5; 1). Si se selecciona un cliente al azar, ¿cuál es la probabilidad de que:

a. espere más de 2 minutos para realizar el trámite?

b. tenga menos de 1 minuto de espera antes de poder realizar su trámite?

Tabla de áreas bajo la curva N (0; 1)

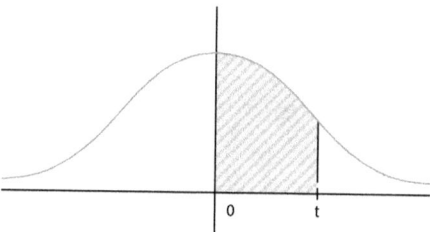

t	0.00	0.01	0.02	0.03	0.04	0.05	0.06	0.07	0.08	0.09
0.0	0.0000	0.0040	0.0080	0.0120	0.0160	0.0199	0.0239	0.0279	0.0319	0.0359
0.1	0.0398	0.0438	0.0478	0.0517	0.0557	0.0596	0.0636	0.0675	0.0714	0.0753
0.2	0.0793	0.0832	0.0871	0.0910	0.0948	0.0987	0.1026	0.1064	0.1103	0.1141
0.3	0.1179	0.1217	0.1255	0.1293	0.1331	0.1368	0.1406	0.1443	0.1480	0.1517
0.4	0.1554	0.1591	0.1628	0.1664	0.1700	0.1736	0.1772	0.1808	0.1844	0.1879
0.5	0.1915	0.1950	0.1985	0.2019	0.2054	0.2088	0.2123	0.2157	0.2190	0.2224
0.6	0.2257	0.2291	0.2324	0.2357	0.2389	0.2422	0.2454	0.2486	0.2517	0.2549
0.7	0.2580	0.2611	0.2642	0.2673	0.2704	0.2734	0.2764	0.2794	0.2823	0.2852
0.8	0.2881	0.2910	0.2939	0.2967	0.2995	0.3023	0.3051	0.3078	0.3106	0.3133
0.9	0.3159	0.3186	0.3212	0.3238	0.3264	0.3289	0.3315	0.3340	0.3365	0.3389
1.0	0.3413	0.3438	0.3461	0.3485	0.3508	0.3531	0.3554	0.3577	0.3599	0.3621
1.1	0.3643	0.3665	0.3686	0.3708	0.3729	0.3749	0.3770	0.3790	0.3810	0.3830
1.2	0.3849	0.3869	0.3888	0.3907	0.3925	0.3944	0.3962	0.3980	0.3997	0.4015
1.3	0.4032	0.4049	0.4066	0.4082	0.4099	0.4115	0.4131	0.4147	0.4162	0.4177
1.4	0.4192	0.4207	0.4222	0.4236	0.4251	0.4265	0.4279	0.4292	0.4306	0.4319
1.5	0.4332	0.4345	0.4357	0.4370	0.4382	0.4394	0.4406	0.4418	0.4429	0.4441
1.6	0.4452	0.4463	0.4474	0.4484	0.4495	0.4505	0.4515	0.4525	0.4535	0.4545
1.7	0.4554	0.4564	0.4573	0.4582	0.4591	0.4599	0.4608	0.4616	0.4625	0.4633
1.8	0.4641	0.4649	0.4656	0.4664	0.4671	0.4678	0.4686	0.4693	0.4699	0.4706
1.9	0.4713	0.4719	0.4726	0.4732	0.4738	0.4744	0.4750	0.4756	0.4761	0.4767
2.0	0.4772	0.4778	0.4783	0.4788	0.4793	0.4798	0.4803	0.4808	0.4812	0.4817
2.1	0.4821	0.4826	0.4830	0.4834	0.4838	0.4842	0.4846	0.4850	0.4854	0.4857
2.2	0.4861	0.4864	0.4868	0.4871	0.4875	0.4878	0.4881	0.4884	0.4887	0.4890
2.3	0.4893	0.4896	0.4898	0.4901	0.4904	0.4906	0.4909	0.4911	0.4913	0.4916
2.4	0.4918	0.4920	0.4922	0.4925	0.4927	0.4929	0.4931	0.4932	0.4934	0.4936
2.5	0.4938	0.4940	0.4941	0.4943	0.4945	0.4946	0.4948	0.4949	0.4951	0.4952
2.6	0.4953	0.4955	0.4956	0.4957	0.4959	0.4960	0.4961	0.4962	0.4963	0.4964
2.7	0.4965	0.4966	0.4967	0.4968	0.4969	0.4970	0.4971	0.4972	0.4973	0.49742
2.8	0.4974	0.4975	0.4976	0.4977	0.4977	0.4978	0.4979	0.4979	0.4980	0.4981
2.9	0.4981	0.4982	0.4982	0.4983	0.4984	0.4984	0.4985	0.4985	0.4986	0.4986
3.0	0.4987	0.4987	0.4987	0.4988	0.4988	0.4989	0.4989	0.4989	0.4990	0.4990

www.ingramcontent.com/pod-product-compliance
Lightning Source LLC
Chambersburg PA
CBHW070535220526
45467CB00003B/950

* 9 7 9 8 7 1 5 0 3 0 6 7 2 *